我们的生命需要肆意生长，努力地奔向未来。

哪怕凛冽无常，也要好好爱这人间。

人类的悲欢并不相通，世界上没有真正的感同身受，
世上最好的感情，莫过于你知我的喜怒哀乐，
我懂你的悲欢离合。

没有一个寒冬不可逾越，
严寒褪尽就会大地回春。

愿你两人时，相得益彰；一人时，活色生香。

当一个人的生命之树盛放时，自然会得到更多人的欣赏。

愿世间所有美好，与你环环相扣

易小宛 著

中国水利水电出版社
www.waterpub.com.cn
·北京·

内 容 提 要

本书由易小宛原创，内容扎实，文笔优美，温暖治愈，从世事无常、坚信美好生活、自信、自律、自尊，亲情、友情、爱情等全面解读人生不易，且行且珍惜，终会遇见美好。人生是一条漫长且艰辛的道路，愿走在这条道路的你，有爱做的事，有想爱的人。

图书在版编目（CIP）数据

愿世间所有美好，与你环环相扣 / 易小宛著. -- 北京：中国水利水电出版社，2021.1
ISBN 978-7-5170-9283-4

Ⅰ. ①愿… Ⅱ. ①易… Ⅲ. ①人生哲学－通俗读物 Ⅳ. ①B821-49

中国版本图书馆CIP数据核字(2020)第266266号

书 名	愿世间所有美好，与你环环相扣 YUAN SHIJIAN SUOYOU MEIHAO, YU NI HUANHUANXIANGKOU
作 者	易小宛 著
出版发行	中国水利水电出版社 （北京市海淀区玉渊潭南路1号D座　100038） 网址：www.waterpub.com.cn E-mail：sales@waterpub.com.cn 电话：（010）68367658（营销中心）
经 售	北京科水图书销售中心（零售） 电话：（010）88383994、63202643、68545874 全国各地新华书店和相关出版物销售网点
排 版	北京水利万物传媒有限公司
印 刷	天津旭非印刷有限公司
规 格	146mm×210mm　32开本　9.5印张　205千字
版 次	2021年1月第1版　2021年1月第1次印刷
定 价	48.00元

目 录 CONTENTS

PART 2　愿世间所有美好，与你环环相扣

PART 3　星河滚烫，做自己的人间理想

PART 4　热爱可抵岁月漫长

PART 5　拾起生活的美好，把日子过成诗

后　记

推荐序

　　小宛用女性作家的内心感受触摸时代和社会的方方面面，用温暖而有张力的文字和青年人交流，入情入理，循循善诱，有一种和这个世界和解的能力。

　　在她看似平常的字里行间，弥漫着馥郁的诗意，流动着爱的善意，闪烁着灵性的光芒。

　　从文字里可以看出，她把阅读经验、生活体验、心路历程通过平实准确的语言展示给读者。一个作家的高明之处，最终体现为运用语言的能力，准确而生动的表达感情的能力，感受爱与痛苦的能力，抵达人心的渗透能力。

　　易小宛在这方面有自己的天赋，而且后天下了功夫，她善于返璞归真，抓住最简单、最真实、最主要的东西。这种入情入理的文字，不是谁都能够写出来的。她不是在写小说，抑或散文，而是在写人生，用诗性的情感和语言抒写人生。她的文字里更多的是进行时——"让子弹再飞一会儿"。通过文字和读者一起流泪，一起微笑，而且很少有定性的结尾。

　　"许多故事的开头都是我想要给你幸福。但结局却是：那么祝你幸福。"她把亲人、朋友、同学、同事，以及读者，所有她关注的人的故事都用文字表达出来，用文字让他们和自己一起行进在时空里。

　　博尔赫斯说："任何一部作品都需要读者的某种合作乃至合谋。"易小宛在写作的初始阶段就有了这种"合谋"。

　　"这些年，文字记录下的那些画面和心情，我对自己说，这是属于时光的印记，哪怕于我，这其实是一场与过去自己的告别之旅。"她一路走来，以"过来人"的情怀温暖正在路上，有时彷徨、有时惆怅、有时懵懂，未曾谋面的人们见字如面，在精神上互相陪伴前行，给彼此勇气。我觉得这是文字的力量，或许这条路是孤独的。但是，用文字记录，我们不是总要让自己走得那么快，生活不是这么无趣。

　　她安安静静地生活，但她的内心鲜花盛放，就像她说的那样："世界微凉，心是暖的。"

　　当你平静地翻开某一页，或许在某一个节点就会与之相互对应。

赵剑华

中国作家协会会员

PART 1

明天和意外，谁也不知道哪一个先来

向死而生，会变得更加珍惜每一天

1

"人这一生，真的很短暂……"尔尔在查出重病之后和我们说。

在生病前，她从不觉得生活有多好，很多时候都充满了抱怨。抱怨自己没找到一个好工作，抱怨自己皮肤不够白，抱怨自己的身材不够好，抱怨自己当年没有考上一个好的大学……

在28岁那年，尔尔体检的时候发现身体的情况不太好，在医生告诉她结果的那一刻，她特别恍惚。

之后就是漫长的治疗，尔尔每天都很沮丧，有时候她站在病房的窗前，真的很想跳下去，好像明天等待她的只有灰暗。

有一天，妈妈对她说："只有你在妈妈身边，妈妈才值得活着。所以你要好好配合医生，要相信自己可以好起来。"

她紧紧拉着妈妈的手，想到了自己短短的一生好像还从未好好生活过。

那之后，尔尔真的很想好起来。

她比任何人都热爱生活，虽然化疗之后头发掉光了，但她买了各种好看的假发。哪怕皮肤依旧很黑，人也不瘦，但是每天出门的时候，她都要化美美的妆，路过花店的时候总会买一束花送给自己。

尔尔无比珍惜每一天的时光。

我们用尽全力去爱的，或许不是生活本身，而是我们想要留住的那些有我们自己存在的时光。

她变得开朗，学着唱歌，喜欢和朋友们交谈，让自己变得更加有趣。

她想在自己离开这个世界的时候，可以没有遗憾地说："你看看，你也曾很用心地爱过这个世界，爱过自己。"

或许她没有机会看到更大的世界，看到更多的风景，但是她自己属于自己的风景。

在一个特别难受的晚上，她给自己写了一封信：

亲爱的尔尔：

人这一生，所能体会到的，或许没有我们想象的那么多。

有些痛苦或许比我们想象的还要痛苦。

可是这种痛苦也会生长出坚硬的翅膀，让你在自己的世界自由地飞翔。

尔尔，如若早早离开这世间，别忘了你爱过它。

如若还有机会活下来，那就成为自己的风景。

海德格尔有一句话说："向死而生的意义是：当你无限接近死亡，才能深切体会生的意义。如果我能向死而生，承认并且直面死亡，我就能摆脱对死亡的焦虑和生活的琐碎。只有这样，我才能自由地做自己。"

3

闻言说，她会每隔一段时间，就感觉自己陷入了生活的旋涡，每天起床睁眼瞬间大抵都能预见这一天怎样度过，周而复始，好像每天都在做差不多的事。没有太多回忆，也没有太多期待，每天固定的生活模式，仿佛一眼就能望到头。

她觉得自己冷漠、自私、懒惰、敏感、猜忌，甚至毫无缘由地想哭。

想起父母会哭，看见忙碌的行人想哭，看新闻里报道的那些负面的消息也想哭。她开始接受人性的复杂，也越来越觉得在没有边际的生活里，自己弱小得可怕。

有时候她会自暴自弃。制订了一份计划，之后却发现这个计划和几个月前甚至几周前制订的那份相差无几；用一个下午进行自我反思，却发现这样反思没有起到一点作用；告诉自己要经常锻炼，却发现在之前曾一直这样告诉自己，从未停止，却又一直没做到。

不断地崩溃，不断地复原，不断地哭，不断地笑，不断地克制，不断地放纵，生活好像将这样一直循环下去。

闻言觉得自己的生活过得糟糕极了，她觉得自己像一台坏掉的机器，不知道什么时候可以修好。

4

或许很多人都经历过这样的阶段，这个时候，其实我们需要的是内心的重建。

当我们重新审视自己经历的过往和当下，就会更加明白自己的内在感受。

当我们的内心得到重建，我们就有了足够的动力，去选择一种真正能令自己幸福的可能，也就有力量停止痛苦的幻想，面对现实作出判断和决策。

面对痛苦的时候，我们会产生很多的恐慌和开始自我否定。但是我们要相信，如果此刻感到痛苦，比起从未试图打破幻想的过去，我们已经表现出了远比过去更大的勇气和力量。

当我们坚持此刻时，就已经和我们的内心恢复了联系，在时间中等待这种新的感受会让我们对这个世界产生新的认识。

最后我们会发现，虽然现实让人痛苦不堪，但是当我们决心告别那些让自己感到不值得和需要放下的情绪时，当我们真正做到的时候，可能会让我们感受到久违的轻快。

尽管我们心里的痛苦并未完全消失，但是却有能力不依靠幻想继续生存下去，甚至能够活得更好。

此时，我们头脑中对于那些坏情绪的依赖，也就彻底地解除。哪怕现实的人、事和关系中，依旧对我们有很多的限制，但是我们却感到了更多的自由。

电影《无名之辈》里有这样一段对话：

眼镜问马嘉祺："为啥子会有桥啊？"

马嘉祺说："因为路走到头了。"

可是眼镜说："路上面还有桥，桥也是路。"

是啊，你一定要相信，生活的路不只有一条。

美国经典电视剧《老友记》里，罗斯三十岁的时候，发现自己老婆是女同性恋，于是只能离婚，重新开始，可是他老婆是他这辈子唯一的女人，他根本没有其他约会经验，他也不知道自己该如何重新开始；莫妮卡二十八岁的时候，还在一家需要装上假胸才能去上班的餐馆做服务生，她很想成为一个厨师，可是根本没人相信她能做到；瑞秋二十五岁的时候发现自己根本不爱自己的未婚夫，于是穿着婚纱从婚礼上逃走了，然后就开始在咖啡馆做服务生……

其实有很多人三十多岁时，才决定从头开始寻找自己的人生。

那条看似稳定的人生道路，很难说在哪一个瞬间，就在你的面前崩塌了。

人生的路真的没有直达电梯可坐。

当你维持一种自认为最安全的生活状态时，也许只是不敢离开自己的舒适区。

有时候，对失败、变化的恐惧会使人甘愿待在人生的固定模式里，我们总是会选择那些自己熟悉和擅长的事，觉得那就是最好的选择。但结果可能就是，我们的人生从此就局限在那个小小的空间里，在越年轻的时候选择了"安全"，你所看到和感知到的世界可能会越小。

对待明天我们不妨大胆一点，当然，如果你真的觉得这种安稳的生活是最能让你感到内心满足的，那么就去享受当下。但是，如果你想看到更远更多的风景，你就要勇敢面对那些未知的恐惧和选择。

我们努力的尽头，是我们内心想要到达的地方。

到那个时候我们可以对自己说："你看，你做到了。"

6

那些经历过突如其来的变故的人们，拥有一种对复杂现实的认知和理解能力，因为他们曾经历过极端的状况，对真实世界的复杂有着高于其他人的认知。比如"我的生活原本应该是那个样子，可是却在中途发生变故""本来应该避免的痛苦，结果却又落到自己的头上"……人们真的很难预料生活会带给他们什么，所以那些经历过变故的人对复杂的状况会相对更少地感到意外。

虽然第一次面对复杂和难以理解的突发状况总是让人难以接受，但是在这个过程中，人们所承受的压力、绝望或者愤怒，最终都会被慢慢消化，他们慢慢地形成自己对生活中变故的认识模式，并且也能够学会理解人生的复杂。

同时，那些经历过的人生的低谷也让人们更容易从不同的视角看待现实。经历过变故的人可能比其他人更清楚地了解这个世界和自身所处的环境，而且换位思考的能力更强，会从不同人的角度出发去思考问题，因为曾经承受的压力和痛苦逼迫他们去面对现实，如同蚌与珍珠，他们的灵魂在整个过程中得到了淬炼。

7

有一部纪录片说：我们生活在宇宙的黄金年代，这是最佳的生存时代。当巨大的恒星消亡时，向宇宙播撒星尘，其中满是氢、碳、氧、硅、铁等元素。有了这些原料，才能形成新的星星、星系，当然还有我们。

我们周围看到的一切，都曾是从一颗恒星内部喷出来的。

我们要相信自己，相信自己独一无二，相信总会有惊喜降临。但真要做到向死而生却不是那么容易，如果真的要做，那就从珍惜当下的每一天开始。

善待自己，选择适合自己的生活

1

刚毕业那会儿，子熙租的房间很小很小，没有窗户。她平常不敢喝太多水，因为上公厕不太方便。

为了省钱，她每天早上吃燕麦片，晚上吃红薯和黄瓜。这样算下来每天花费并不多。每隔几天，她会在小区门口的地摊上买点水果吃，补充一点维生素C。

她每天就像小时候那样用毛巾洗脸，甚至连洗面奶都不用。

一个帆布包她已经用了两年多，牛仔裤也穿了好多年，衣服是几年前妈妈亲手织的毛衣，虽然样式没那么好看，但是穿起来却很复古。

那时候，子熙的生活过得很拮据，但她并不觉得辛苦。

她也想买好的化妆品，想买很多质地好的衣服，但条件不允许的时候，战胜欲望就是一个长期并且艰难的过程。那时候她觉得把欲望降低，一切从简，不断学习，不断积累，才是当下最重要的事。

2

生活真的不是那么一帆风顺，总是会迎来不断的暴击。

在刚参加工作的时候，子熙没有经验，上司不愿意教她，甚至还嘲讽她。

有一次，她正在准备一个合作项目，做了很多功课，为了修改方案每天加班到凌晨，拿出了自认为足够打动人的创意方案。但在开会的时候，她的PPT讲到一半就被上司打断。上司当着所有同事的面，半认真半开玩笑地对她说："你趁早转行吧！"

大家都在笑，她只好跟着笑，假装无所谓。

其他同事上前展示方案，上司偶尔会转过头来问大家觉得怎么样。

问到她的时候，她很认真地把同事方案中的优点一一列举。上司接着她的话说："是啊，这种方案，你这辈子都想不出吧？"

回到家，她一个人在洗手池旁边，哭了好久。

就那样坚持了两年，生活依然没有任何起色，子熙却出现了各种亚健康的症状。

她开始疯狂地掉头发，发际线越来越靠后，胃病越来越严重，生理期也总是不准，精神状态越来越不好。

3

子熙尝试过各种方法去调节，最后都失败了。

她也曾遇到一个自己特别喜欢的人，可是因为各种原因，她没办法留住那份爱情。27岁的她依旧一个人，朋友寥寥无几。她也想谈一场恋爱，可是好像连谈恋爱的时间都没有。

当她第三次一个人在这个陌生的城市过生日时，想到这几年一个人受的苦，想到远离爸爸妈妈一个人在外打拼的孤单，想到自己熬了这么多年却始终在苦苦挣扎……在那一刻她想通了，决定放过自己。

她准备离开这里，重新开始。

走之前，子熙去了自己最喜欢的那家川菜馆。还是熟悉的味道，她拌匀了每一粒米饭，大口大口吃下，一边吃一边掉泪，泪水止不住地往下流。餐馆的服务员在一旁不停地问她怎么了，她只能说"太好吃了"。

她心里充满了委屈与不甘，却不知该如何说，对谁说。

子熙回到了家乡，找到了新的工作。

4

子熙并不觉得回到家乡就是失败，她只是需要在这里找到适合自己的生活方式。

她努力调整心态，养成了阅读和夜跑的习惯。

她也在反复思考什么是她想做的事情，想要找到自己真正想做的事情。

重新开始的这个过程，哪怕是无声的，也充满了力量。

只有选择独自倔强面对，人才能真正体会到生活的意义。

子熙知道，就算流着泪，也要奋力向前奔跑，何况自己还拥有选择的权利。拥有和失去是守恒的，想要选择一种生活，那么就必须放弃一些东西。只有内心更加坚定，我们才能坚定信念走下去。

后来子熙的工作有了起色，几年间薪资也在不断上涨。

现在的她已经完全渡过了那段艰难的时期，也在自己努力下，把生活过得越来越好。

5

虽然有时候我们知道自己想要什么，但很多人却没有勇气去追寻，并在患得患失中否定自己。

有时候我们或许不知道如何平衡内心的悲喜，当悲伤袭来的时候，想要逃离这个世界。不是每个人都生来坚强，也不是每次遇到人生的低谷时人们都能够从容不迫。但是，我们努力做到接纳自己，选择适合自己的生活，或许这才是自由的开始。

我们要学会给自己时间，让自己能够和这个世界和平地相处。

其实过简单而丰盛的生活，就是懂得怎样在生活中取舍。

体验丰盛也接受孤独，在这无限的空间中会有很多痛苦的尘埃，但是在某一个轨迹上，我们总会看见难得一见的孤星闪耀，它让我们的内心变得通透明朗。

6

凯文·凯利在《失控》里有一句话：要成长为新物种，你就要经历所有你不会去扮演的角色。

当一个环境开始急剧变化的时候，可能是内部和外部同时发生了改变。

如果我们在努力的过程中总是缺乏安全感、不相信自己，自我价值感也很低，这样的我们就往往需要很多很多外在标签，来保障我们的安全感、自我价值感，那么你会觉得越来越疲惫。

当我们的认知到达更高的境界，看到生活背后的真相，我们就会看到我们自己，以内心成长的方式逐步建立起自我安全感、自我的价值感，更多地接纳和信任我们自己，那么此时我们对于那些外在标签的需求就会降低，甚至不用依赖。我们也就有能力去切割这些外在的牵制，走上自主的人生道路。

一个人一旦变得强大，就可以拥有更多选择权。在此期间，我们先要学会善待自己，选择适合自己的生活。

"等疫情结束，我们结婚吧"

1

看到网上有一位医护人员和自己心爱的人说："等疫情结束，如果我们都还活着，那我们就结婚吧。"

"珍惜"这个词或许我们已经说了千遍万遍。

可是只有在天灾人祸面前，我们才更能够体会到它的分量。

风大的时候，那个挡在你前面的人，请好好去爱他（她）。

有一句话说："只要一起努力就好。若我爱你，那我就在你的身边；如果我暂时不在你身边，那就是在为了去你身边而努力的路上。"

真正想要留在你身边的人，永远都不会走。

2

我们要记得那些温暖，因为生活值得。

小雨是我认识的一个特别漂亮、可爱的女孩。

我第一次见她的时候，她和她的妈妈在图书馆复习，我们聊了起来。

她聊了聊自己的人生规划，以及近在眼前的考试。

那次考试，在她的努力下，她走上社会的第一份答卷取得了很不错的成绩。

从那之后，我们偶尔会联系。我每次见到她，她都会露出甜甜的笑容。

后来，我在朋友圈里看到她恋爱了。

在2020年疫情期间，我看到她写的一篇小感悟，也是写给她男朋友的一封信：

2月23日，纪念一个平常而又不平凡的日子。这是一则生日祝福，是一个普通女孩子的小日常，同时，也是一篇工作日记。

2020年的起始，新型冠状病毒就大摇大摆地向我们走来。人心惶惶的时刻，也是最能够考验人性的时刻。

在疫情闹得沸沸扬扬那些天，小王同学发烧了……这

018 愿世间所有美好，与你环环相扣

年头，但凡有个头疼脑热的症状都会把自己吓得够呛。我恐惧吗？说不害怕那是假的，但害怕的同时，更多的是担心，担心如果小王被隔离在异地不能回家，他一个人在医院，万一压根没事，却被交叉感染了怎么办？或者他在医院都没有认识的人可以陪伴，身体又不舒服，那该多无助多恐惧啊……真的是害怕加心烦意乱，我就这样度过了一个晚上。好在疯狂喝热水、吃药后，小王退烧了，顺利返回包头。

组织部，向来都是冲锋陷阵的部门，不论有何急、难、险、重的任务都是第一个上。自行隔离期间，我每天看着疫情防控工作群里的领导和小伙伴们日夜奋战在一线岗位，心里总是惴惴不安，但是为了对自己也对他人负责，还是在家中隔离做一线的幕后人员吧……每天写篇文章、写写网评，好像只有这样，才能略微地让我的内心能够踏实点儿……新闻上那些一线的医生说："我也觉得医院是很危险的地方，但是只要穿上白大褂、防护服，戴上工作证，我就什么都不怕了。"

我一直不理解这是一种怎样的感受，而现在，早就加入疫情防控队伍一线的我，似乎理解了一线医护人员的话……之前害怕病毒进屋而紧闭门窗，刚从外地回来时一度怀疑自己感染病毒而每天测量无数次体温、担心焦虑到失眠的我，当穿上写着"疫情防控"四个字的志愿者马甲时，并不觉得病毒有那么可怕了。每天2∶30—8∶30，周而复始，逐渐克服恐惧后，我居然有种释然的感觉！即便有很多居民不理解，即便有很多误解甚至谩骂，即便在遭受了无数白眼，即便这六个小时中，只有快速吃饭的时候才能稍微坐下来休息一下，即便晚上回家腰痛、脖子痛、腿痛，但是只要听到有人说句"谢谢，辛苦了"，我内心瞬间就觉得这一切都值得。

也正是这场疫情，让人们的心更紧密地连在一起。

平时，爱情和工作似乎一直像两条平行线，并无交集。而今天，大爱与小爱、大我与小我，有了交织重叠的部分。

生日快乐，小王同学。

我没有办法陪你好好过我们在一起后你的第一个生日，抱歉！

然而你却加入了志愿者团队，陪我一起值了一下午班，帮了很多忙，也很快熟悉了工作。

谢谢你哦！

虽然照片里你把我拍成了一个"智障"，不过我想，这应该是一个刻骨铭心的生日了吧……

看到这里，没错，这就是一波正能量的"秀恩爱"。

寒冷的冬天不乏赤诚的心，疫情面前有真情。希望如鲁迅先生所说："愿中国青年都摆脱冷气，只是向上走，不必听自暴自弃者流的话。能做事的做事，能发声的发声。有一分热，发一分光，就令萤火一般，也可以在黑暗里发一点光，不必等候炬火。"

3

有一个叫妞妞的女孩，她的男朋友在武汉。

本来他们打算在2020年春天，武汉樱花盛开的时候，去拍婚纱照，选个吉日结婚。

可是男朋友在春节前感染新冠肺炎，大年初五的时候，他和她视频，说："妞妞，我觉得可能无法陪你走下去了，我跟你说个事，你要答应我，要坚强，不要哭。"

他给她发来一个文档，他说，这是一封信，写给你未来的男朋友的，以后你一定要交给他。

在信的一开始他说：看到这封信时，恭喜你成为妞妞的男朋友！真嫉恨你和我一样幸运，抱得美人归。长话短说，我现在告诉你一些注意事项，一定要记得。

他把女孩日常的生活习惯和应该怎么照顾她都一一列了出来，他还告诉那个今后出现的男孩：我不知道你是哪里人，住在哪里，是什么职业，但这些不重要。你爱妞妞，就像我爱妞妞一样，是真心的，就够了。谢谢你照顾妞妞。祝福你们……

文档的后面，男孩写了一串数字。

那是他银行账号的密码，有十万多元，是他工作以来的全部积蓄。

他说：一生只爱过你一个人，这笔钱，就留给你了。

大年初八，她爱的那个大男孩走了。

这个春天，他们永远无法重逢。

4

勇敢地等待那个爱自己的人，同时勇敢地去爱别人吧。

别担心，那个爱你的人永远都会对你偏心。

有些姑娘说，长大后，眼睛里的光渐渐没有了。

请再耐心一点，那个让你眼里发光的人，一定会出现，会守护着你所有的孩子气。

人群拥挤，他会紧紧拉着你的手，不会让你走丢。

那些爱也会变成星空的记忆，让你所有的笑都变成好天气。

5

重逢的是旧人，也是新的自己。

任世事变化岁月变迁，愿爱你的人永远站在爱你的身边。

愿所有的思念彼此都能接收到，关心都有处可去，爱都有迹可循。

在还没有重逢的时候，各自照顾好自己，在重逢的时候，再给对方温暖的拥抱。

下一个夏天，你穿着好看的连衣裙，晚风轻轻吹动，空气中有冰激凌和汽水的味道。你爱的人站在你对面，你奔向他。

那一刻，一定很美。

人是那样脆弱，却又如此坚强

我们笑着、哭着、坚持着

我们沮丧、失落、放弃着

我们在不断失去

也在不断拥有

1

前几年的一个夏天，在一辆大巴车上，我旁边坐着一个女孩。她靠着窗户，留着干净利落的短发，一边打电话一边掉眼泪。

我听到她说："我用了整整五年去爱你，耗尽了我整个青春，如今你的一句'再见'就把过去的一切都删除掉吗？"

车窗外的风景疾速而过，大巴车行驶的声音掩盖住周围一切声音。

她的眼泪还在不停地流："既然没有未来，那就算了，我一个人也会很好，再见。"

挂了电话，她看着车窗外，不停地抹着眼泪。

那个画面一直留在我的脑海里。我知道她的痛苦，在当时那个情境中，没有人可以替她分担，别人也无法完全感同身受。

心里的那些伤，不会一下子痊愈。

我记得那一双不停流泪的眼睛，充满了无助、倔强、怨恨和决绝。

像是被利剑狠狠刺中般流露的难过，又像是被放大镜放大的伤疤。

《马男波杰克》里有一段话：

> 假设你是一部电影的主角，电影中你注定是要心碎的。世界考验你，周围的人不正眼看你，但电影必须这么演。否则电影最后，你得到一切时就不会有苦尽甘来的感觉。

我们常说不经历深夜痛哭的人不足以谈人生，大抵是因为所有的苦痛都会成为他记忆中的边角料。

所有今日所受的苦难，在他日回忆起来都会一笑而过。

2

"我的小时候吵闹任性的时候/我的外婆总会唱歌哄我/夏天的午后姥姥的歌安慰我/那首歌好像这样唱的/天黑黑欲落雨/天黑黑黑黑……"

这是我年少时喜欢过的歌词，那个时候我喜欢买磁带，每天晚上边写作业边听随身听，可是当时并不能真正体会到天黑黑的含义。

长大成年后，我记得自己是在夏天看着窗外的雨，经历过一些事情之后，突然懂得了那是怎样的一种心情。

曾无意间在网络上看到一张照片——一个中年妇女剪着短发，穿着男士T恤，手里抱着一个玩具坐在院子里的小板凳上。

她的精神因为遭受打击而变得不正常。几年前她的老公和女儿因为车祸离开这个世界，她把头发剪短，穿上老公的衣服，抱着女儿的玩具。她觉得他们从未离开过。

或许永远糊涂下去，她就能留住那些不想失去的。

3

这个世界真的很残忍，我们永远不知道明天和意外哪个先来。

就像是很小的时候，我总是害怕妈妈会离开我，那种恐惧好像存在于呼吸之间，我不知道当时小小的我怎么会有那么多担心。

那个时候的我，不是一个独立自信的姑娘，每天晚上睡觉前我总会对自己说："明天醒来，我就会变成那个勇敢的自己。"可是无论醒来多少次，还是原来的样子。

那年冬天，大学刚毕业的我进入一家传媒公司做编辑，每天天刚刚亮，就起床洗漱，然后到公交车站牌等车，途中还要倒两次车。每个早晨我都会看到马路上打扫卫生的环卫工人，他们一站一站地走下去，好像都不觉得疲惫。

公司里有一个同事姐姐，个子不太高，长得很普通，但是每天都会换一顶假发。她并没有秃顶或是其他原因，戴假发只是因为她很喜欢。

有时候是棕色，有时候是黄色，有时候甚至是粉色。

她说，每天都要把生活过得五彩缤纷。

哪怕她在别人眼中是一个大龄女青年，每天都被她的妈妈逼着去相亲，她依旧乐此不疲地每天戴着不同的假发，穿着不同风格的服装。

每次看到她，我都会感觉自己也变得活泼有趣了一些。

虽然那份工作我只干了不到半年，后来就再没有见过那个姐姐，但她让我懂得，如果想把每一天活得明亮起来，一定要先让自己的心明亮起来。

也许很多人都会有这样一个想法，包括曾经的我也这样想过，"只要不抱希望，人生就不会再有失望了"。

好像只要不把有任何希望，人生就可以变得毫不费力。好像只有怀有希望的人才需要努力挣扎和奋斗，没有希望的人不需要努力。

很多人都觉得，如果现状是这样，可能今后的人生也就这样了。其实我们的人生不会那么早安定下来，不论在任何年纪，我们都有重新开始的机会。

4

虽然我们人生中的每一次决定，都会受到很多外界因素的影响，但是不管那些因素如何影响我们，最终面对和承担生活的，都是我们自己。

有时觉得人生真的很残酷，会有那么多无法预料的痛苦袭来，但正是因为有了那些经历，才让我们在拥抱幸福的时候更加珍惜。

或许在我们的记忆深处，每个人还都保持着意气风发、青春年少的样子，没有沾染太多尘埃，眼睛是明亮的，笑容是灿烂的。

但只有那些经历过苦痛的人身上才会具有一种力量，那是经历过创伤的人身上会表现出来的力量，一种穿越黑暗、在挣扎与恐惧之间迸发出来的巨大能量。

5

要相信我们每个人身上都有一种新的生命力，支撑着我们迎接每一天的开始。这种新的生命力，特指那些经受过巨大的压力、逆境或者创伤后的人身上所展现出来的一种力量。

当我们在和创伤抗争的过程中坚持下来，并在这个过程中获得积极的成长，就能获得属于自己的新的生命力。

当你重获新的生命力，不仅仅是给自己，还会给周围人带来面对创伤的勇气。

只有自己才能真正帮助自己走出来。当你慢慢地好起来，你会发现真正能够治愈你的，不是别人，而是你自己。

如何历劫重生，是每个人的人生课题

什么是黄昏？

诀别词。

什么是眼泪？

身体输掉的战争。

——［叙］阿多尼斯《我的孤独是一座花园》

1

2020年，有一个女孩的妈妈不幸感染新冠肺炎去世了。去世前，妈妈给她留下的字条写着：

"你做蛋糕的面粉过期了，我丢掉了。食品都是有保质期的，你一个人生活以后买小包装的，日子要精打细算地过……"

妈妈去世那天，鉴于新冠肺炎的超强传染性，她只能在门口跪着磕头向妈妈做最后的告别。

他们连最后的告别，都显得如此仓促。

可就在一个月前，妈妈还在催促她结婚生孩子。

那时候，她还觉得妈妈太唠叨了。可是当妈妈再也不会在她耳边念叨了，她却难过得不知如何是好。

太多遗憾了，她还有很多的话都没有对妈妈说出口。

有人说，我们被困在家里已经很幸运了，有的人被永远困在了2020年这一年。

这一年上演了太多生死离别、人间惨剧。

那些说好的来日方长，像一个梦一样突然中断。

有些离别太仓促。

我们总说，想做的事，快点做；想见的人，早点见。

别再等待，别总拖延，珍惜眼前，否则会留下无法弥补的遗憾。

2

小时候，看着画在手腕上的表，我们以为时间永远都不会走。

事实是，时间从来不会停下。

人突然长大的那个瞬间，是经历过各种残酷的结果。

豆子说："成年之后感觉自己快要抑郁了。"

烫了一个羊毛卷想要变成小仙女，结果变成了步惊云。

她去找托尼老师，托尼老师说："不是发型的原因，是脸的问题。"

发型毁了，偏偏公司打来裁员电话，而豆子就是裁员名单上的一员。

挂了电话，豆子的心情坏到极点。

回去的路上，寒风吹拂，阳光却明媚。

公园的小路上，有几个小孩滑着轮滑，大声叫嚷着，还有几个小朋友在跳绳，带起飘落的树叶，让人觉得充满活力。

还有几个老大爷在棋盘上鏖战，旁边几个观战的偷偷指点。

一只小流浪狗，摇着尾巴跟着她。她蹲下来逗了逗它，把包里剩下的半个面包喂给了它，小狗吃得很欢喜。

那一刻，豆子的心情平静了下来。她突然想到了自己看到的一张图片，图片里一瓣橘子夹在一整头蒜中间，配文是：就蒜挤进去也是"橘外人"。

她突然想通了，觉得被公司裁了就裁了，自己不当那个"橘外人"了。

回家后，她特地点了自己爱吃的麻辣米线、奶茶和披萨。

美餐一顿之后，豆子感觉自己被治愈了。

她觉得那句话说得对：心情不好的时候，食物可以治愈你的心。

有时候我们的内心会脆弱无比，会惧怕分离，惧怕痛苦种种失去和变故。

我们的人生在一朝一夕中不断受损也在不断修复。

3

想到世界的某个角落有自己喜欢的风景，你的世界会变得温柔和安定。

没有什么快乐是永不消失的，也没有什么痛苦是永远无法摆脱的。

我们之所以能不断地感受这个世界，学会从多方面考虑问题，是因为我们一直在学习、成长。

永远保持这样的初心，才能不断更新自己。

一位妈妈在一个午后，小睡醒来，转脸去看睡在自己旁边的女儿。女儿依然酣睡，短发乱成一团，小脸蛋红扑扑。那一刻，她觉得女儿的身上仿佛笼罩着柔光，纯洁而美好。她突然体会到岁月宁静，现世安好。

动画《幽灵公主》里，婆婆叮嘱少年"要修炼自己的内心，用澄澈的心去看待事物"。

现实中也是如此，我们要一面修炼自己的内心，一面咬着牙为热爱的事物奋斗到底，即使失败也无怨无悔。或许我们无法决定遇见什么人，经历什么事，但是以什么样的心态面对事情，做出什么样的选择，都是我们自己可以掌握的。

我们在一次次的自我剥离和消沉之后，也慢慢学会重建自己的内心。

从心底对这个世界产生更多的连接，也是在把旧的心情和沮丧一一推倒。

重新建立我们的平常心，勇敢地接触所有不确定的事，获取属于我们的坚定。

诗人梅特林克说过："你要明白，人在这世界上是要独自面对一切的。"

4

有一篇新闻报道：一位年轻妈妈爬上楼顶想要轻生，她在跨过楼顶栏杆的时候，情绪异常激动，还不停地哭泣，大概已经处于崩溃的状态。就在生死离别的一瞬间，年仅6岁的儿子来到现场，不断地哭喊和挽留。最终使这位妈妈放弃了轻生的念头。

或许在看到孩子的那一刻，这位妈妈才看到了活下去的希望和责任。

人生之路越走越窄，只能硬着头皮去面对一个又一个的难关，即便再苦再累，也唯有咬紧牙关，坚持向前。

这大概就是身为成年人的责任感，为了孩子，为了父母，为了身边所有需要自己的人，哪怕受再多委屈，吃再多苦，也不得不委曲求全，默默把自己武装。

5

日出又日落　深处再深处

一张小方桌　有一荤一素

一个身影从容地忙忙碌碌

一双手让这时光有了温度

——毛不易《一荤一素》

在创作手记里，毛不易写道："在遥远的故乡，在背影的深处，曾经有一双为你日夜操劳的手，有一个眼含热泪的人。

她一言一行的督促，一荤一素的关怀，她在你的生活存在得理所当然，甚至让你忘记她的脆弱，还有，她有一天也会离开。"

节目里，毛不易平静地讲述着母亲生命最后的那段时光。

那年他17岁，在医院做护士。他说：

> 我在实习的过程中，看到过数百个在我面前死去的病人，但第一个在我面前死去的，是我本人的亲生母亲。最遗憾的一点是，我妈在临死之前，她都觉得她的儿子是一个不成功的人。
>
> 那个时候我学习又不好，然后有可能拿不到毕业证。然后她很焦虑，在她临走的那一刻，她的儿子都是一个不成功的人。

阿雅安慰他："我自己是一个妈妈，她永远不会觉得你是一个不成功的人。她一定觉得你是一个非常好的孩子，她只是担心你没有办法照顾自己。"

为什么是一荤一素？

他说："妈妈曾在病床上说：'我儿子每顿饭得吃一道荤菜一道素菜，我现在在床上躺着，怎么照顾他？'"

节目中他们给很多患者唱歌，陪他们做简单的康复锻炼。垂暮之年的老人们，他们行动不便，每天能面对的常常只有天花板和安静的病房。

节目快结束时，一位患者对毛不易说："爱你啊。"

毛不易回应他说："我也爱你。"然后他突然泪流满面。

虽然心底有雨，但是眼里始终有光。

现在的他，用自己的音乐治愈那些受伤的人。

6

宇宙中万事万物相连相生，有其自身的运转轨迹，偶然中蕴含着必然。

痛苦与不幸是一种破坏的力量，同时潜藏着新生。

生活给我们带来了巨大的伤痛，那种痛无人能够取代。

可是，我们还是得活下去啊。

我们没有办法阻止那些痛苦和离别，可是爱依然是我们通往光明的通道。

不管在多么难熬的时刻都要咬紧牙关，不管内心有多孤独无助都不能选择放弃。

虽然人生会遭遇很多不如意的事情，有时候会事与愿违，但仍要相信努力会有收获，相信会有奇迹，相信"丧"都是短暂的，相信这世界的温柔本意。

美好的事物值得我们去喜欢和珍视。

我们太期待万事都有回应，但真正应该回应的，是我们的内心。我们这一生也是在完成自我的归属。

斯宾诺莎说过："心灵理解到万物的必然性，理解的范围有多大，它就在多大的范围内有更大的力量控制后果，而不为它们受苦。"

7

《活好：我这样活到105岁》里有一句话说"'重生'真正的含义，不是再一次出生，而是说我们一边继续现在的人生，一边经历脱胎换骨的新生。"

我们的人生可以有一段伤痛的经历，但是不要让自己一辈子都沉溺在伤痛的人生中。

或许这一年给你留下了很多阴影，但人生的起伏就像四季轮转，总有一段天寒地冻的艰难旅程。

没有一个寒冬不可逾越，严寒褪尽就会大地回春。

耐得冬日寂寞，终见春日繁华。

愿我们都能度过每一个寒冬。

每个人都在自己的生命中，孤独地过冬

1

刘轩和听众聊生活的时候，他说："我永远记得从头开始的那一天，一个人提着两个皮箱，飞了半个地球，回到我很小就离开的那座城市——台北，一个既熟悉又陌生的地方。冬天的街道，感觉特别寒冷。我走进空荡荡的出租房，唯一的照明是个快烧坏掉的日光灯，因为窗户没关，后面巷子里有个火锅店，天天晚上煮锅底，屋里全是麻辣火锅的味道。好饿啊！但是没人陪我围炉。那天晚上，我闻着火锅味，自己蹲在房房的墙角吃一碗泡面。"

我曾在《朗读者》节目中听过吴纯的故事，他是一位有三个博士学位的青年钢琴家。他4岁开始学习钢琴，16岁留学乌克兰，累计获得18项国际钢琴演奏大奖，被誉为"闪耀在欧洲的中国钢琴之星"。

9岁时，他的父亲和母亲离婚，父亲带走了家里所有的财物。母亲为了供他学钢琴，每天都要打四五份工。他出国去留学时，拿走了家里所有的积蓄，当时是3000美金。只有3000美金，1500美金用于交学费，还有1500百美金作为生活费，第二年的钱他还不知道怎么办，就这样走了，要做好六年都不回来的准备。

从那个时候开始，他在乌克兰每天要打四五份工。他一般都四点半起床，五点钟要去送牛奶，六点钟音乐学院开门，他要去练琴。

留学期间，他曾为偏远山区里二十多个爱钢琴的孩子提供远程帮助，二十多岁学成归来，现在他成为了一名钢琴教师，教书育人，为这个社会作更大的贡献。

他觉得苦难对他最大的馈赠就是让他学会坚毅、沉着、从容。

他说："遇到任何事情，想想那个时候的自己，就会觉得好像没有什么，都可以过去的。"

电影里有一句台词这样说："如果此刻你在凝望深渊，那么深渊也正在凝望着你。有些孤独的情绪就像是未知的深渊一样，或许你身处深渊，正艰难前行，但是当你奋力走出深渊，你会发现，那些苦痛，都会让你变得更强大。"

2

《孤独的城市》里说："遭遇孤独的人，大部分都是为了梦想或者爱情奔赴另一座城市生活的人。努力也如此，总会有特别孤独的时刻。"

选择在北上广奋斗还是在老家安身立命永远是不衰的话题。

"北上广容不下你的肉身，三四线放不下你的灵魂……"

"北上广的税后7000不如三四线到手的3500……"

"北上广是自己的梦想，回老家是父母的期盼……"

这一年，你或许过着黑白颠倒的加班生活，只是偶尔在仰望夜空时，才能用心感受一下这座城市的繁华气息。

你也许终日埋头于办工桌前，脚步匆忙，无暇顾及身边发生的变化。

这一年，你或许因为压力感到有些烦躁。

有时候，你真的希望可以逃离这一切，但是回头细想，又觉得这繁华的城市中还有那么多不舍。

有时候我们怀疑决心留在一座陌生城市的初衷，反复思考自己是否还有留下来的价值，失眠之时拷问自己到底想要什么。

"迷茫""焦虑"会时不时地干扰我们。

"kitty是好姑娘"写过一篇文章《我清华毕业，为什么也会感到自卑》，她在文中写道："这不是我的故事，这是我们的故事。"

当你问清华人"你自卑吗？"这个问题，可能至少有一半的人会回答"我自卑"。

当一个清华人在你面前说着"我很自卑"的时候，你可能会觉得这个人很矫情，甚至虚伪。这种感觉大概类似于我们听到一个学霸说"要挂科了"，但是人家都考95分以上。

在清华的几年时间，我一直处于一种惊叹当中，惊叹于身边人的优秀程度。自卑是肯定的，但自卑的同时，更多的是感激。感激能让我在青春年少之时，见识到在各个领域都如此杰出的大神们；感激自己可以不囿于"坐井观天"式的局限当中，能意识到自己的真正实力；当然也感激自己在这个过程中培养了一个好心态。

这个世界有好多东西可以学，就算最后发现有一座学术的高山过不去，至少也不后悔这一旅程。反正我也看到过高山，也怀疑过自己，估计到最后都有可能放弃，但无所谓啊，见到天地，才是关键。

有个创业者说起自己当年在北京写程序、做网站，几乎每天都只睡五个小时，坚持做到一天当两天似的去干活。他经常会被各种人揶揄："你现在这么拼，到时候就只能在病床上了。"可是他知道如果现在选择了安逸，那未来就不会成功。他不断地去争取每一个客户，忍受创业期的各种鄙夷、谩骂。他熬夜学习，虚心求教，言出必行，做得更多的是沉淀自己的心和气。

张泉灵曾经在央视工作18年，42岁的时候才从央视离职，成为一名创业者。

在微博写下的辞职信中，她写道："美国著名的投资人格雷厄姆认为，最适合创业的年龄在25岁。因为25岁时，人们拥有'精力、贫穷、无根、同窗和无知'的武器。这里的无知是创业者们根本不知道创业的前途有多么艰难，因而无所畏惧。而我既没有25岁的熬夜能力，也没有随时把所有东西打包就能搬家走人的方便。"

只要有想尝试的决心，永远不会晚。

一个人为什么要努力？

很喜欢的一个答案是：因为我喜欢的东西都很贵，我想去的地方都很远，我想爱的人很完美。

4

很多人都会问："我现在努力，还来得及吗？"

我说来不及，你就不学了吗？我们应该把重心从问"来不来得及"转到用功学习上来。有时候，你想得越多，越是什么事都干不成。认准目标就静下心来干，总会有结果。所以接下来的时间，无论是在哪个阶段，不要问时间够不够，这些都是次要的，最主要的是你要从现在开始努力。

有时候，我们在努力的过程中会感觉无力甚至无助，但这些困难绝不能成为我们放任自我的理由，内心的孤独感也更不能演变成精神的"早衰"和生活中的随波逐流。

人生路漫漫，辛苦且努力

1

央视主持人朱迅，早年曾在日本留学。

她交完高昂的学费后，身无分文，只好选择勤工俭学。

那个时候的她只有17岁，从那之后，她的生活里只有看不完的脸色，干不完的活儿和背不完的日语单词。

她做过各种兼职，做过清洁工、当过服务员，在餐厅刷过盘子，干的活儿又脏又累，一天工作十几个小时。

整整一年，她每天睡觉不超过4个小时，因为过度地透支身体，两次患上血管瘤。

她独自去做手术，伤口还没愈合，她又要继续打工，导致伤口裂开，疼得她大汗淋漓。

然而，无论日子多苦，她只会在夜里偷偷哭泣，天亮以后便咬牙坚持。

　　熬过了那段苦日子，她终于考上大学，争取到进入电视台的机会，经过漫长的打杂和学习，终于登上舞台，成了一名主持人。

　　不管再苦再难，她都咬牙坚持，那些独自熬过的苦，酝酿成了人生的甜。

　　大卫·伊格曼说过："你所经历的一切，都在改变大脑的生理结构，从基因的表达到分子的位置，再到神经元的架构。你的出身、文化、朋友、工作、看过的每一部电影、进行的每一场谈话，这些全都在神经系统里留下了痕迹。这些不可磨灭的、微小的印象积累起来，造就了你是什么样的人，也限定了你能够成为什么样的人。"

　　当一个人是勇敢的，对生活就可以有更好的共情——因为不害怕体会到情感，也更能理解那些脆弱和痛苦。

一个懂得努力的人，让未知有更多的可能性，一旦准备好承受生活中的各种遭遇，就会更加坚定地相信自己，因为心里懂得"无论欢喜悲伤，都是生而为人的珍贵体验"。

这种努力的本质，是对世界、对自我的价值定义。

2

Sera 说她 30 岁的前一天下午，妈妈忽然中风倒下，身体半边失去知觉。她扶着妈妈到楼下，打车去医院住院。

第二天，她陪着妈妈做了各项检查，已经下午两三点，才记起是自己生日，还没吃饭。妈妈对她说，生日要吃面。她去医院附近，找到一家面馆进来吃面。

Sera 一边为妈妈的病情忧心忡忡，一边想起爸爸去世这些年的各种艰难不易。泪水和着面条咽下肚子，30 岁的她，变得更独立，更坚强，她感受到肩上更多的责任，也坚信未来一定会越来越好。

有时候生活不会因为给你关上一扇门就为你打开一扇窗，很多时候你得自己凿一个属于自己的出口。

人生大概永远都是艰难的，一座山峰的后面是另一座等待着你去攀爬的山峰。而所谓的命运，不过是在那些看似偶然的时刻，我们所作出的一个又一个选择的积累。

到最后，是努力塑造了我们的人生。

如果你希望你的人生是能够让你感到满足的，需要你要真实地面对自己的处境和人生，并为之付出努力。

你要直面自己内心最真实的欲望，还要懂得承担起自身命运的责任，并且可以为自己的选择承担后果。只有这样，你才能变得更加坚强，这一生才真的能无怨无悔。

3

一档综艺节目里，有这样一个片段。

主持人问嘉实："你是不太擅长讲'我好累啊'这种话对吗？"

嘉实沉吟片刻，说：

> 你看看外面，每一个人都很辛苦。
>
> 你觉得给我们送外卖的人不辛苦吗？
>
> 节目组蹲在地上对半天稿子不辛苦吗？
>
> 你凭什么要求别人了解你的辛苦？

生命中有两个法则：一个叫"镜子法则"，一个叫"种子法则"。

"镜子法则"：你所看到外在的一切，其实都是你内心世界在镜子里的投射。

"种子法则"：你的每一句话、每一个念头、每一个行为，都是在往心里撒种子，在种植自己的心树。

每个人都在各自的围城中，独自承受着孤独、失望和痛苦。

所有人都不容易，唯有拼尽全力，才能在生活有更多选择的权利。

相比短暂的欢乐，每个人更希望拥有长久的幸福。

屠格涅夫说："你想成为幸福的人吗？但愿你首先学会吃得起苦。"

努力的过程中，或许会吃很多苦，一个人在吃苦的过程中，通过不断成长的思维模式，勇敢面对挑战，坦然接受失败，从中汲取经验，随时重新开始。这个过程能够体验到挑战自己、适应艰苦、克服困难后所带来的变化，拓宽生命的宽度。

这样的人，会有更广阔的胸襟，更坦然的底气，更强大的内心。

4

努力是一辈子的事，需要抛却喧哗和浮躁。

当一个人的生命之树盛放时，自然会得到更多人的欣赏。

努力会让灵魂轻盈，消除内心的消极与任性，使自己内心变得平静。

不断努力，能够为我们提供更多的存在感。当我们拥有存在感，我们的内心世界就能够与外部世界保持联系——能够确切地感知到，自己就存在于此时、此地，而这令我们感到有归属感。

这种与外界的联系，还影响着我们日常生活中的行为、状态。当我们安稳地处于当下，我们才能知道自己应该如何行动，也清楚自己想要什么、未来如何规划。

当我们通过努力拥有更多存在感时，我们会对自己的行为和决定感到踏实，生活也会充满期待和生机。努力就是我们与外界的纽带，会让我们有更多的依托，给自己足够的安全感，一步一步努力，我们会更清楚自己到底是什么样的人，也会更清晰地规划未来、实现梦想。

PART 2

愿世间所有美好，与你环环相扣

愿世间所有美好，与你环环相扣

1

一场大雪之后，这个世界变得明朗起来。

包头很多年都没有下过这样大的雪了。

树枝上覆盖了厚厚的雪，地面上踩去像是踩在棉花上。

路边大大小小的雪人，咧着嘴微笑着面对每一个人。

小孩子打雪仗的嬉笑声也回荡在耳边。

我们小时候以为的2020年，是你现在的样子吗？

小时候以为，2020年会有移动的房子，会有无数宇宙飞船，会有可以说话的精灵。弹指一挥间，十年就过去了。

现在的你，还好吗？

2

疫情期间，我每天宅在家，不停地洗手，忍不住地焦虑，甚至觉得自己以后会患上囤积癖。

有人说，在经历心理创伤之后，很多人不再对世界抱有美好幻想，而是对人生的艰难与坎坷有了更多的心理准备。这样或许有些悲观，但却令我们拥有了一种面对世事变迁的平常心。

就像哲学家说的"人是被抛入这个世界的"，现在我才深切地感受到这句话的意义，真希望像很多人说的"即使遭到生活无数次暴击，我们也依旧会努力自愈"。毕竟这世间依然有很多美好，想想疫情期间的逆行者，想想一直在一线奋战的医护工作者，他们是多么闪亮的存在。

或许有些生活轨迹无法摆脱、无从更改，但是这个世界上依旧有很多美好的东西，它们像闪闪发光的星辰，照亮我们的寒冬。

如这段话所说："因为你要做一朵花，才会觉得春天离开你。如果你是春天，就没有离开，就永远有花。"

3

心理学上说，婴儿一出生就不断向外抓取，寻求外界对自己的满足。婴儿的认知是，整个世界与我一体，世界要无条件地围着我转，满足我所有需求。如果婴幼儿时期的全能自恋被充分满足，孩子就会具备稳定的自我存在感。也就是说，"我"先存在了，然后才能安心地去做自己想做的事情。

到了儿童时期，他们的主要诉求变成了自由探索，不被评判和打扰。

当我们有足够的内驱力时，我们的全身心都想要去表达和创造。

那些记忆一直存放在心里，这些年写文，有很多珍贵的生活片段被我记录下来，我记得爸爸妈妈给我买的第一个画板，记得我曾画下的那一张张美少女战士，记得多年前的春天，妈妈在院子里撒下的那些花的种子，记得这些年温暖的一朝一夕。

这些年，感谢那些温暖的人，感谢此刻看这篇文字的你。

时光迅疾如飞，感谢你们的陪伴，曾经那些爱哭的小女孩也都长大成人了吧。

希望你们要学会好好爱自己，努力做一个独一无二的人。

我们每个人都拥有不一样的人生，并不能说哪一种人生就是最好的，其实属于我们自己的人生就是最好的。我们和时间的关系似乎就是这样：有时候是真的不懂，有时候是误以为自己懂得，等到真的懂了，也真的回不去了。

4

在一个雨天，我和朋友聚在一起，聊聊天，喝喝小酒，涮涮火锅，听着窗外淅淅沥沥的下雨声，在火锅升腾的雾气里忘却生活中所有的不如意。

其中的一个朋友忍不住伤感，她说："我以前无比盼望着长大，长大后妈妈就不会因为我不写作业而打我，长大后就可以不用考试，长大后就可以像大人们一样随心所欲做自己喜欢的事了。"

"现在我长大了，不用再写作业，妈妈也不再打我了，没有考试，也没有了当年一起玩游戏的小伙伴，也没有选择做自己喜欢的工作。"

"我快乐吗？好像并不快乐。"

她说完，把一小杯酒一饮而尽。我们放下筷子，都陷入了沉默。

原来所有沉重的、不堪的、不得已的，才是生活本身。

5

我记得小时候，亲戚们会围坐在小方桌旁吃饭。他们互相开着玩笑，碰杯喝酒。

那时的屋子不是很大，在昏黄的灯光下，推杯换盏之后，微醺的舅舅开始诉说生活中的不易。

沙发后的墙上有一面大镜子，在它的映照下，亲人们聚在一起，真的是一幅温馨又美好的画面。

如今，我们被防盗门隔绝起来，有些住了多年的邻居都不认识。

每个人都有着不同的生活，有人快乐，有人悲伤，有人疲惫不堪，有人意气风发。

人们不再谈论彼此的生活，在喝酒之后更不会抱头痛哭、互诉衷肠。

但我们还是心怀希望，因为在我们的内心深处，依旧刻画和记录着许多美好的事情。

电影里有一句台词："大象的鼻子，是用来捡开心果的，没必要弯下腰；长颈鹿的脖子是用来看星星，没必要飞翔；变色龙的皮肤，绿色、蓝色、粉色、白色，是用来躲避敌人的，没必要逃跑；诗人的诗歌是为了说所有这些，还有成千上万其他东西，没必要懂。"

6

其实不管怎样生活都在进行着，此处，彼处，任何时候，任何地方。

就像歌手李宗盛说的那样："遇到情歌就要大胆唱，反正你现在身边的和当年也不见得是同一个。"

李宗盛的每次巡演都会有主题，2019年演唱会的主题是"有歌之年"。演唱会开场时，一来光打在李宗盛身上，他身后的电子展上醒目地写着："十八岁的少年，六十岁的回归。"接着他抱着吉他唱起《开场白》："你现在是怎样的心情呢，是欢喜悲伤还是一点点不知名的愁……"写这首歌的时候，李宗盛二十多岁，如今已两鬓斑白，他继续唱着："如果是，请进来我的世界稍作停留，在这里有人陪你欢喜悲伤陪你愁……"

李宗盛的歌里有故事，有人生，如同舞台背景中正在播放的卡带。

那个画面更像是一场关于时间的告别。

那一瞬间连通往昔与今日，逝去与未来。

7

顾城在一首诗中写道："花全开了，开得到处都是，后来就很孤单。"

某个夜晚，我吹着晚风回家，突然很想打电话给十年前的自己，想对那个天真的女孩说："嘿，不要难过呀！哪怕我们终会各自散落天涯，但是我们终会找到自己的人生之路，也终会把生活变成我们喜欢的样子。"

我们每个人都有属于自己的风景。

每一次经历都是我们人生必修的课程。

我们的生命需要肆意生长，努力地奔向未来。

哪怕凛冽无常，也要好好爱这人间。

哪怕世事无常，也要相信世间美好会与你环环相扣。

毕竟，明天又是新的一天啊。

谢谢她，让我看到了善良的意义

1

她的名字叫金蕾，是我在2016年自己的公众号刚开始发布文章的时候认识的姑娘，那个时候她总会在我的文章下留言，给了我很多的鼓励和支持。

清晨的鸟语花香，课间的欢声笑语和打闹，放学后夕阳下的身影，咯吱咯吱的老旧吊扇，宿舍里打着手电筒熬夜学习的同学……那是她对中学时代最深刻的记忆。她总觉得那时候天空很蓝，而日子过得太慢，总是向往着大学生活。一群人聚在一间很小的教室里，为自己的梦想拼搏，那真的是青春、梦想的开始。

如今，她也会经常回忆高中生活。

她总觉得人生很神奇，那个阶段让人痛苦纠结得不得了的事现在看来都是鸡毛蒜皮的琐事。

　　长大后的金蕾独自一人从济南到很远的澳洲学习，后来又到北京开始她人生中第一次的社会实践旅程，然后从澳洲毕业回到她的家乡济南。

　　这一路上独自的闯荡，让她的内心更加丰盈。

　　或许我们的人生就是这样，一路走来，一路在失去，一路也在得到。不管是远方还是当下，不管是现实还是梦想，至少现在，在平凡的世界里每个人都还没放弃勇敢。

　　在旅行中她不断地重塑和提升自己的价值观和审美观，走过了万水千山，从不同的民族文化和自然景观中汲取养分。她养成了坚持阅读的好习惯，她觉得阅读其实是一个丰富自我的过程，可以和自己喜欢的作者交流，在这个过程中她慢慢地丰富了自己。

　　一个人在外漂泊的四年里，她走过许多地方的桥，行过很多美丽的路，看过许多地方的云，拍过数不尽的风景，接触过很多不同的人，喝过许多种酒，吃过许多地方的美食。

　　她是那种长相特别甜美的女孩子，却有着很酷的性格。她憧憬着美好，在路上行走的她，心中一直藏着一个关于西藏的梦。她觉得西藏是一片净土，在那里可以体验一场人生的修行，可以真实地表达自己内心的感受。所以她开始了从济南到西藏的旅程。

3

金蕾去西藏做了一名志愿者。

她说："或许我在的这个地方交通不便，没有空调和无线网，没有可乐与咖啡，没有繁华的夜市，没有人来人往的街道，没有霓虹灯的闪烁，但这里有大自然神圣的魅力，以及让人感到敬畏的快乐，这里有怀着信仰的人们朝圣的场面，更有尘世精灵们的笑容和求知若渴的眼神，也许当你来到这里就会发现。更让人心动的是，这里的孩子们会在你的引领下说出自己的梦想，执笔写下自己的心愿。"

在去西藏的路上，金蕾问朋友藏族人民为什么要朝拜，朋友说因为信仰。朋友对她说，朝拜是一种修行，也是一种赎罪，更是为了来世。朝圣历经千辛万苦，不管来世修得如何，但朝圣者都修炼了一身坚毅的品性和持之以恒的精神。

不论工作、学习、生活，做事情都需要坚毅的品性和持之以恒的精神。他们就这样不折不挠，矢志不渝，靠坚定的信念，步步趋向圣城拉萨。

4

金蕾总是让我想起一句话："心美一切皆美，情深万象皆深。"

当她第一次来到西藏，面对那一张张笑脸，看到那里艰苦的生活条件时，她才明白，原来自己已经很幸福。

西藏这个地方，海拔很高，有时候会让你缺氧头晕。她知道自己所付出的辛苦，也特别能理解他人的感受。没有依靠，没有温暖的怀抱，她要不断地与孤独抗衡，才能让自己变得更强大。

金蕾经常在暖和的下午，和小朋友拉着手一起唱歌，她期盼着他们长大却也舍不得他们长大。他们像种子一样，顽强生长在这片神奇的土地上。

5

如今，金蕾依旧定时给西藏的孩子送去人们捐赠的衣物用品。那些记忆中的笑容，都成为她努力生活在这个世界上的美好动力。看过那些纯净的笑容之后，她突然更懂得那些执着于光阴的顽强。

她说，在那些快要坚持不下去的日子里，总会想起齐一的《一切都会好的》："日子里的那些负担，一切都会好的，日子里的那些不甘，一切都会好的，相信明天，一切都会好的。"所有成年人世界里的那些想不到的心酸和痛苦，最后都会成为让你更完整更勇敢。"

也正是因为这些经历，她想感谢所有的善意，感谢朋友在凌晨发来关心和挂念的信息，感谢父母打来的电话，感谢许多人。人间很难，生活很苦，但人间有爱，生活依然值得期待。

她喜欢的电影《千与千寻》里有这样一句话："不管前方路有多难，只要我走的方向正确，不管多么崎岖不平，都比站在原地更接近幸福。"

6

我们每个人都是平凡世界里的英雄，有期待也有理想，人生这条路其实很难，她常常站在城市的中心，看着熙熙攘攘的人群，猜想他们是否过得开心。

金蕾也曾一度陷入迷茫，有好长一段时间，她被生活中的负能量淹没。她想逃避现实生活，想去寻找诗和远方，然而走到最后她突然明白，那些独自面对内心的时刻，才是最清醒的瞬间。也许正如她自己所说："我没有过人的天赋，在生命里唯一的突破就是心怀一颗感恩的心，不在意别人对自己的看法，不问前路有多远，此后，我能自由地去做我认为对的事。"

有时候我们选择一条困难的路，才会发现生活真的不容易，在困难的道路上咬牙走下去，才会知道自己的了不起。吃苦的本质是长时间为了一件事聚集力量，和在长时间专注一件事的过程中，放弃娱乐生活，放弃无效社交，放弃无意义的消费生活，以及在这个过程中所忍受的不被理解和孤独。其本质是一种自控力和自制力，以及坚持力和思考力。

她在为贫困地区的孩子送去衣物和书包时用像机拍下孩子们的笑脸。我相信她在帮助那些孩子的时候，内心是特别充实和快乐的。

7

其实我们每个人在实现目标的过程中，都需要被不断推动。

有的人倾向于"被结果推动"，即以某一个重要的目标作为执行的动力，将每一步小的胜利都看作是接近那个大目标的过程，以此来激励斗志；有的人则倾向于"被过程推动"，即他们更看重享受执行任务的过程，在过程中感受到自己是富有创造力的，而最终的那个目标只是过程的副产品。

有人说最好的动机策略可能是"既能够被结果推动，又能够被过程推动"，既怀着对未来更好的期待，也充分享受努力的过程。特别是如果在完成这个目标的时候你感受到了更多人生的意义。

而这些人生的意义也会让我们的内心变得越来越充实。

真正的成功不是赢过别人，而是战胜自己。

8

从金蕾的身上，我看到了善良的意义。

更多的时候，善良是一种选择，那些被我们遗忘、甚至我们根本没有体验过的生活，和藏在我们常规人生中的勇气，都在世界的不同角落里发着光。

有时候我们会怀疑不求回报的爱和付出真的值得吗？因为有时很多善意换来的却是不满和误解。但是善良和奉献的精神，会让你感受到超乎自己想象的大爱。

我想对这个善良的姑娘说：永远都不要放弃，加油！

人情冷暖，需要用心感受

1

上学的时候，我喜欢和好朋友传小纸条，开心的或者不开心的都会和她分享。

我的好朋友是个精致的"猪猪女孩"，漂亮的外表、有趣的性格，是她给人的第一印象。

大学毕业后的第一年，她来参加我们的高中同学聚会，结果她来晚了，同学们让她自罚一杯，结果一杯下去，她不胜酒力，就晕了，整个聚会她只清醒了十分钟。

第二天我去看她的时候，她说她丢了一枚漂亮的耳钉，额头还不小心磕了一下。

她说："我们好久没见，必须得拍一张合照。"

那张照片一直存在我的手机里，每次看到的时候，我都会觉得，那个时候我们的快乐真的很简单。

仔细想想，每天都会有意想不到的小事发生，虽然事情小到可能第二天就会忘记，但至少那个时刻、那一天，你的心情会受到影响。

　　生活中的小幸福就在于此吧，不需要惊天动地，而是在平凡的生活中不断感知惊喜，感受未知的快乐。

2

　　这些年，我们看着彼此一路走来，她总是在我遇到困难或是不开心的时候准时出现，陪我一起熬过那些伤心的日子，我们也会分享彼此生命中的喜悦。

　　有一次我们逛街，我说："时间过得可真快，好像昨天你还在为期末考试的成绩哭泣呢，今天你就变成了大人。"她哈哈大笑。

　　落日余晖照在她的头发上，一切看起来都很美，她笑起来依旧像多年前那样清澈明媚。

　　吃饭的时候，她说最近一直在喝中药，这几年睡眠不好。那一瞬间，我突然有一些感慨。

　　她说："今天的奶茶真好喝。"我们面对面坐着，我看着她，恍惚我们又回到了那个单纯又真诚学生时代。

3

我在天津读大学的时候，在炎热的夏季，最不喜欢的就是蚊子，那些蚊子真的可以和草原上的蚊子相互较量了。每次我拿水壶去打热水的时候，都会被无数只蚊子围攻，回到宿舍后连脚指头上都趴着蚊子。

每天被闹铃声吵醒，起床、刷牙、上课，日子一成不变……

每天都在理想和现实之间切换。

我的生活就是这样枯燥无味。

某一个时刻我会突然感到："是不是自己就这样被困在这段时间里了啊？"

离开学校之后，我还是会常常想念那里，想念曾经的舍友们，还有那段一起度过的青春的是时光。

现在偶尔路过校园，看到放学的孩子们，我也会想起当年的自己。懊悔那时候懵懵懂懂的自己，为什么没有把生活过得再丰富一些呢？每天像是闹钟一样重复地生活，总是想等自己准备得更充足时再去追寻自己想要的，但青春真的不等人，时光倏然而过。

为什么不把当下活得更充满活力一点呢？我们的每一天都是这样的可贵，又有什么理由总是追忆过去的时光呢？

4

有一段时间，我循环播放着新裤子乐队那首《生活因你而火热》，那些歌词让人落泪：

> 那些昙花一现的灿烂，是爆炸的烟火
> 那一团耀眼的火焰，在燃烧着你和我
> 那平淡如水的生活，因为你而火热
> …………

怎么描述成长对于一个人的意义？

我想，成长对于我而言不仅仅是内心多了份坚定和温柔，还意味着找到那个最初的自己。

这些年太多世事变迁，我们不断地拥有和失去，但是当我们体验到每一次小小的成功的喜悦后而产生微小的感动之余，就能找到最初那个简单的自己。

文字像一片星辰大海，是我成长的陪伴者、见证者。

我们就这样勇敢地向前吧，哪怕一路跌跌撞撞。

这些年，我因为写作认识了一些令人感到温暖的姑娘。

人情冷暖，需要用心感受。

那些生活中看似微不足道的日子，也给了我很多感动。

我和阿清约在一个藏餐吧，那是我第二次见到阿清。

她坐在我对面，可爱又有些拘谨。她说："小宛姐，我们终于能够坐下来聊一聊。"

认识阿清，是在一个读书活动上，一个偶然的机会，我们互加了微信。

有时我们会在微信上简单地问候彼此。

我听过她的爱情故事，听过她对未来的期许。

我们第一次见面，是一个很阳光明媚的上午，一个皮肤白皙的长发姑娘站在不远处等着我。她说："小宛姐，终于见到你了，这是我送给你的礼物，请你收下。"

我们像是初遇的陌生人，更像是久别的老友。

阿清看起来有些紧张，还没等我好好说些感谢的话，她就放下那个袋子不好意思地离开了。

我打开袋子。她送我一支钢笔，一条围巾，还有她亲手写的卡片。

那支钢笔，我一直留在身边，因为这份礼物对我意义重大。它带着一个姑娘用心的祝福，让我更用心地去过每一天。

6

我想对阿清说："谢谢你的支持，让我有更多的力量写下去，也让我带着更多的能量去生活。"

之后过了很久，我约阿清一起吃饭。之所以去那家藏餐吧，是因为那家的老板娘是个特别善良的人。她是汉族人，她老公是藏族人，每年冬天餐厅都会关门一段时间，他们会把一些顾客捐赠的衣物带回西藏，送给那些贫困地区的孩子。

那家藏餐厅，有手工制作的菜单，好喝的酥油茶，还有老板娘亲切的笑容。

喝一口酥油茶，奶香的甜味，仿佛伴着高原阳光从嘴里蔓延到身体的每一寸，温暖惬意，使人整颗心都平静了下来。

每一个善良的人都值得被温柔对待。

我记得那些温暖的瞬间，也明白善良对一个人的意义。

哪怕我们的生活中荆棘丛生，好像处在黑暗和险恶中，但是任何时候都不要放弃善良。真诚是一个人的本性，善良是一个人的天性。不管遇见任何人，只有真诚才能走进对方心里。无论碰到任何事，只有善良永远不过期。美丽的外表也许会打动别人，但真诚而善良的内心更能感动别人。

那些真诚善良的人，让我们学会珍惜看似平凡的每一天，那些简单、纯粹、善良的心会让我们感受到更多的暖意。

7

不要让时间带走我们的真诚，要努力记住我们所感受到的，让它们像花儿一样在心里盛开。

时间做不到的事情，我们内心可以。我也终于相信了如果内心觉得快乐，就一定是快乐的。

《岁月神偷》里有一句歌词："岁月是一场有去无回的旅行，好的坏的都是风景。"

我们走在寻找自己的路上，在某一个时刻会与自己不期而遇。

有时候我们很容易将幸福视作平常，内心也经常被烦躁和焦虑填满，走在熙熙攘攘的人群中，或许我们匆忙到没有时间和心情停下来看看头顶的天空。

我会记得你们的真诚，哪怕在多年之后，我也会在心里默默地告诉自己：因为那些真诚的遇见，我觉得此生无憾。

这世间，唯有真诚和善良，永不褪色。

与生活促膝长谈，与自己握手言欢

1

有一个姑娘，在读高中时经常和老师顶嘴，经常不写作业，被老师叫家长，成绩也是全校倒数。

父母苦口婆心地和她谈过很多次，她依然执迷不悟，放任自己。

直到高二的时候，有次开家长会，她路过数学老师的办公室，听到数学老师正大声说话的声音。她从窗户看向里边，数学老师在和她的爸爸对话。她悄悄地躲在拐角听到老师说："有个男孩在追你闺女，人家可是保送重点大学的好苗子，你闺女呢？专科能不能考上都不一定，可别让她耽误了我们班上的这个好苗子。"

她在外面使劲掐自己的大腿才能让自己忍着不哭，她看到爸爸从办公室走出来，她记得那个背影，爸爸无力地往前走，肩膀耸了一下，然后停了停，使劲叹了口气，最后消失在走廊尽头。

她回到家问爸爸："家长会开得怎么样？"爸爸笑着说："挺好的，老师说你比之前有进步。"

她说了一句"哦"，然后跑出家门，跑到顶楼撕心裂肺地哭，暗自下了决心，高三一定要好好努力。

2

从那之后，她从没有在晚上12点之前睡过觉，每天忙于各科目的预习、复习、刷题。就这样，她的名次从全校1200名到500名再到前100名，尤其是她的数学分数从过去的60分左右到140分左右，所有的任课老师都觉得不可思议。

她的爸爸妈妈一直不知道她高三学得有多拼命，高考的时候，他们一直对她说尽力就好。

高考成绩出来的那一刻，她看到了爸爸妈妈激动的眼泪。

后来，她上了一所很好的大学，在校期间参加创业比赛获得了优异的成绩。

再后来，她创业开公司，小有所成之后会定期资助贫困的小孩上学。

有人问她，回顾走过的这些路，最庆幸的是什么。

她回答："是多年前的那一刻，我恰好路过了数学老师的办公室门口。"

因为那一瞬间，她感受到了家人对她无可取代的爱，也让她下定决心努力变成更好的自己。

3

婷子给我讲了她学生时代的故事，她说："有时候我们真的很难直视真实的自己，就像我自己总是不愿意承认我曾经很自卑地生活过。别人总觉得我大大咧咧，性格开朗，其实他们都不知道，我的内心很自卑。"

婷子高中时，因为父亲生病，家里的经济状况一下子变得困难。平常穿着校服没感觉到有什么不同，可是每到周五下午需要把校服洗干净换成自己衣服的时候，她就很烦恼，因为别人都有漂亮的衣服，而她却没有。

那个时候，她就特别害怕每周五下午的到来，害怕别人看自己时的目光。

他们的目光更像是一面镜子，照出了她的自卑和窘迫。

每次回想起来，婷子都会忍不住难过。

虽然自卑，可是婷子却一直没有放弃努力，她做任何事都特别认真，用乐观的态度打败生活中一个个的困难。

英文中有一个词 Black Hole，翻译成中文就是"黑洞"。人生"自卑"这个黑洞，往往是我们最害怕的，也最想要躲避的。

有一段话说，人不光得原谅别人，也得原谅自己。相比前者，后者更难，因为我们一直被教导要反思，因为反思我们不堪重负。

我们总是习惯躲避，习惯被生活支配。

可是现实是，我们根本绕不开这个黑洞，早晚有一天，我们还会碰到它。很多人人生最大的黑洞，就是骨子里的自卑。

庆幸的是，很多人被自卑的情绪逼到退无可退，不得不咬牙跳进这个黑洞时，他们的背后就长出了翅膀，浴火重生。

自卑就是纸老虎。你越怕它，这个黑洞越大；你越强大，这个黑洞越小。

是自卑让婷子改变。当她有了一个目标之后，所有的自卑，都会化成前进的动力。

如今的她，每一天都用心去生活，也从未停下学习的脚步。

自律和乐观的心态让她变得越来越自信。

4

路言和我说起他读大学时的经历。

那一年，路言考上了大学，当时他心中有个念头——去远方。他只想离家越远越好，他急切地想要证明自己已经长大。

下了火车，坐上汽车，再绕过一段崎岖的山路，路言终于到达学校。学校坐落在终南山麓下的一个小镇上，依山而建，楼宇错落有致。

同学们来自全国各地，互相分享着自己的过往和对新生活的向往。

可是开学不久，路言坐在教室里，突然感到深深的孤独，觉得自己和周围的一切格格不入。他每天早上一个人出去跑步，空闲时间都在看书，总觉得学习以外的事情离自己很远，遥不可及。他也记不清楚到底学了些什么，第一年不知不觉就过去了。

第二年开学的时候，在学校要求上交学费的三天宽限期之后，他依然没有凑齐学费。路言觉得一年前的开学，他满怀希望；一年里的生存，他小心翼翼；一年后的离开，他五味杂陈。好像人一出生，就被命运安排好了，任凭怎么挣扎，都要无奈地沿着早已规划好的生活轨迹走下去。突然间，他理解了老师和同学们的目光，哪怕并非恶意，也深深刺痛了他。在现实面前，他似乎没有自己想象中的那么坚强。

他觉得自己一定要多读一点书，所以必须要努力再做些什么了。他鼓起勇气去书店和一些家长搭讪，向他们推销自己做家教；通过熟人介绍，悄悄去火车上卖鸡蛋……

只要是能挣钱的事情，路言不怕苦和累，利用所有业余时间去打工。

5

后来路言靠着打工赚的钱，交了学费，继续他的求学之路。他知道，没有背景的孩子只能拼命向前奔跑。就那样边学习边兼职跌跌撞撞地过了四年，当两手捧着红灿灿的毕业证书和绿莹莹的学位证书时，他的心中充满了力量。

他说："每一个白天和黑夜，自己都煎熬着，从未去多看一眼那座城市的风景。或许，每一个努力的人，本身都是一道风景。"

后来他考上了研究生。

毕业后他通过司法考试成为了一名律师，和心爱的人结了婚。

即使有了自己的家庭他依然没有放弃学习。他觉得读书才能给自己带来最大的安全感。

当我听到路言说他为了学业每天都在工作和学习，四年都没有好好看过那座城市的风景时，我突然觉得，我们不断地努力，就是为了在生活中找到自己的位置，找到真正的自己。

6

有一天傍晚，我在马路边看到一位老大爷，手里提着一袋苹果，穿着一件破旧羽绒服，裤子上有黑黑的油渍。老大爷接了一个电话，他说："爷爷给你买了你最爱吃的苹果，一会儿就到。"

他的脸上露出了开心的笑容，哪怕生活艰辛，但是依然有温暖。我看着他走远，他衣服上那片冒出来的羽绒更像是冬天里的一片晶莹的雪花。

我见过那些拼尽全力去生活的人们。一位80岁的老奶奶说，她的丈夫去世了，她的儿子也在她70岁生日的当天突发心梗去世，无论多么悲伤，她还是要一个人努力地活着。

一位双胞胎都是脑瘫儿童的父亲说："我们没有更多的钱送两个孩子去康复中心，但是会陪着孩子，哪怕两个12岁的孩子只有7岁小孩的身材和3岁小孩的智商，我们也会倾尽所有去守护他们。

　　还有一个6岁的小男孩，他的父母离异，他和奶奶相依为命，家庭贫困，小男孩最大的心愿就是拥有一双白色的球鞋。

　　我曾看到春夏的一个访谈，她在访谈中说："我讨厌这个世界的大部分，但一定有小部分的东西留住你。"

　　那些眼中有泪，却微笑前行的人们，就像星是一般，也许会被乌云遮住，但总有一天，他们会发出自己的光亮。最终，都会被爱治愈。

生命的质量在于感受

人生的任何一个阶段，你都可以去体验，去感受。

1

这篇文章我想要写给那个自从我看到她的视频之后，就让我内心发生了很大改变的竹子。

偶然间，我看到了竹子的短视频。

竹子热衷于制作关于生活态度、旅行逸事、奇葩观点的短视频及Vlog（视频博客）。

茫茫人海中，很多人通过视频认识她，并且喜欢她，这其中也包括我。

竹子在成为 Vlogger（视频博客博主）之前的职业是短片摄影师，入行已经有六七年的时间了，拍过婚礼、广告、纪录片，在很长时间里她都是一个拿着专业的摄像机和收音设备去拍摄别人的人。

大概是两三年前，她觉得她的职业到了一个瓶颈期，那个时候她开始质疑很多很多东西，包括拍摄这件事情。

于是她做了一个决定，放下摄像机，把一个小像机天天揣在兜里面，回归记录生活和讲述故事的本质，从她开始拍Vlog开始。

2

我喜欢看竹子对生活的记录。

我知道她尝试远离人类的24小时，不走寻常路的结婚纪录，以及在海滩日照下的极限运动。她的那些有趣的，让我知道了一些她看待这个世界的观点。如果没有网络，或许只有生活在那个特定时空才能了解，如今她通过视频被毫不相识的我们看到。她也让我知道，还有人可以这样优雅、温柔又尽兴地活着。

我被她对待生活的热情和活出自我的魅力所感染。她的勇敢，并不是所有人都可以做到。

她的每一个作品都会让人耳目一新，心生温暖。

视频中的竹子，不管是中文还是英文的发音都很好听，视频里的她，率真、充满活力，让人觉得美好的女孩子就应该是这个样子。

3

我看到竹子有一期的演讲题目是"为什么冒险的人生更值得期待？"

她说自己从小就是个不太爱随大流的人，别人走过的道路她很少去走，或者说她一直在冒险。她从小就不是个好学生，经常被老师点名，大学毕业后也没去上过一天班，没有给任何一位老板打过工。从小到大，她都总觉得别人要去做的事情，不一定是她要去做的事情。

她觉得人生最有趣的一件事就是不要怕跌倒，我们要在跌倒中独立地去思考事情。因此她非常赞同著名经济学家斯通说过的这么一句话：生命就是一个奥秘，它的价值在于探索，因而生命唯一的养料就是冒险。

她说："我们为什么要工作？是为了赚钱，为了生计，还是为了梦想，为了自我实现？在回答这个问题之前，我们先要搞清楚一件事情，工作的实质实际上就是出售自己的时间，而建立一个更好的个人商业模式，其实就是铸造一个人出售自己时间的方式。

一个人越早地开始思考自己的个人商业模式，往往离自由的生活就越近一些。

演讲的最后，她和大家分享了一句真心话，这个世界上就没有什么四平八稳的好事，如果你不敢打破常规，就只能踏在别人走过的路上继续前进。可是成功总是会青睐有冒险精神的人。

4

竹子的执行力很强，很多在别人眼中看似很难做到的事情她都做到了。她还是一个善于安排自己生活的人，不怕折腾，自我意识很强，做起事情来思路清晰，从不拖泥带水。

她制作的每一个纪录片都是温暖而有趣的，她分享的生活和观点，让我的内心有了很大改变，改变了我之前固有的思维模式。她让我懂得，一个人要主动选择自己想要过的生活，而不是等待被现实碾压。

我喜欢看她分享的工作和生活，那些充满色彩的、普通平凡的每一个瞬间。我们每一天也都在能量满满或是疲惫的状态下前行，或许我们永远都不可以在人生的道路上停下来，因为我们需要赶往一个又一个目的地，这是我们每一个人所要面临的时代。

无论中年人，还是年轻人，时代的潮水已经席卷而来。这个时代已经没有一艘船敢说自己永远不沉，除了我们自己。

5

竹子对生活的热爱和她真实的生活状态，给了很多人力量。

她在结完婚的第二个周末，马不停蹄地去伦敦电影学院参加广告片导演集训营。训练营只接收十个学员，申请要看履历，只接收业内人士。他们在课上实操训练，每个人放自己的作品，老师现场点评，刺激无比。

竹子为了跟上其他人的节奏，脑袋像是装上了快速播放的跑马灯一样，但仍然感觉压力十足。创意行业永远不缺有表达欲的人，每个人都争着发声，没观点，就会被忽视，不发言，没有人会主动问你。

她说，真正想学习的想法是从离开学校后开始的：

其实成年后没有人会再逼你学习，日子久了，你也觉得越来越舒适。可是当你把自己放在一个不舒适的环境里，和比你厉害的人在一起，才会谦卑，才能呼吸到上面的空气，才能发现更大的格局，才意识到该怎么挪动眼前的七巧板，才能突破和进步。

拍了这么多年，从婚礼、Vlog到广告，我越来越能感觉这个行业有多残酷。老师给出数据，在英国能突破重围成为广告片导演的比例只有7%，而在这7%里面，有资格随心所欲地拍的人，只有10%。算一下，最后只剩下0.7%。

其实这个比例放在其他行业也不奇怪，1000个人里面，也许最后真的只有7个人脱颖而出。能进入这个小概率，除了天分和努力，更重要的还是坚持。

你push自己到极限了吗？如果没有，就谦卑地继续努力。努力到什么时候？努力到没有人可以再坚持下去，那时你抬起头，也许就有希望看到0.7%。

我不会轻易放弃。

6

那些竹子用镜头捕捉的景象，更多的是带给人内心深处的感动。

我们这一生，所需要的，其实真的不用太多。

只要有梦想、信仰和对生活的热爱。

一切都可以变成我们感知这个世界的符号。

电影《大鱼海棠》里有一段台词："人生是一场旅程。我们经历了几次轮回，才换来这个旅程。而这个旅程很短，因此不妨大胆一些，去爱一个人，去攀一座山，去追一个梦……有很多事我都不明白，但我相信一件事。上天让我们来到这个世上，就是为了让我们创造奇迹。"

在这个时代里，谢谢有这样一个人出现，哪怕她仅仅只有影像，都给我的生活带来过那样真实而巨大的勇气。

不用用力付出，你也值得被爱

1

有个姑娘回忆，从她有记忆开始，不管是和父母、恋人在一起，还是和朋友同学在一起，她总是付出比较多的那一个：

小学的时候，和好朋友一起买零食，付钱的那个人一定是我；

初中的时候，放假讨论去哪里玩，意见有分歧时，最后妥协的一定是我；

高中的时候，明明讨厌别人抄我作业，但每次我都会把勤勤恳恳做好作业给他们抄；

大学的时候，明明很讨厌一个特别自私的舍友，却隐忍着从不敢说。

工作之后，我总是附和着同事的观点，连拒绝都要认真想好多个理由，内心忐忑好久。

……

她似乎在很小的时候，就习惯了这样的思维：只有多付出，别人才会喜欢自己。

她听了太多这样的话：

你知道吗？都是因为你，我们才活得这么累！

你知道为了你能来这所学校上学，我们付出了多少？

你就不能好好努力吗？如果不努力，我们生你出来有什么用？

人家妹妹在你书上画画怎么了？你怎么这么小气。

你哭有什么用，哭你就能考好了吗？你哭成这样，你想让我怎么样？

······

上高中时，她压力大到每晚回家缩在房间的角落里哭泣，她的妈妈就站在旁边冷眼看着她，什么安慰都没有。

2

电视剧《最好的我们》中，余淮的父母，一个为了省钱几年穿一件衣服，一个为了挣钱背井离乡去非洲工作。他们觉得自己为了生活为了孩子受尽了委屈。

每当余淮妈妈想要表达内心怨恨的时候，她就轻轻一句："我成天照顾你爷爷奶奶，你爸一个人在非洲工作挣钱，你看我这衣服，都穿了几年了？你以为我不想穿新衣服啊，我们都是为了你。"

如此，一个孩子的内心就崩塌了。

他的妈妈交代给他很多事情，使他的心理负担过大，特别容易紧张。

一到重要考试，他就容易出问题，连高考也没发挥好，最后独自跑去隔壁市一所中学复读，断绝与外界的所有联系，把自我封闭起来。

没有父母不爱孩子，但是有时候父母不恰当的爱的方式，反而成了刺伤孩子的一把利剑。

3

其实我特别理解，父母的过度保护，也让我总是依赖着别人。

大学的时候，有一个同学，她经常理所当然地发脾气，把自己的不开心和委屈都发泄出来……脾气来得快去得也快。而我是这个集体里从来不会发脾气的人。

后来参加工作之后也是这样，我总是脾气很好的样子，别人都会觉得如果哪天看到我发脾气那简直是"破天荒"。

从小一直被教导要忍让，要懂得换位思考，要多理解别人。所以我每次明明心里很不愉快，但是好像都关掉了发火的开关，靠自我消化来驯服内心的小怪兽。

当我看到别人可以大大方方说出自己的不开心，肆意发泄情绪时，我是十分羡慕的。

其实"不开心"也是需要表达出来的。即使发了脾气，偶尔暴跳如雷，也不会失去大家的喜欢，这只是一种情绪的发泄。但当时的自己并不懂，只觉得发脾气是错误的，也不敢去调整自己。

因为觉得别人已经适应了自己这样的相处模式，一旦自己改变了，会失去更多，也会面对更多。

我害怕失去安全的氛围，让自己陷入两难的境地。这样的模式一直持续了很多年，其实也很困惑。

年少时有一段时间，表面上云淡风轻，其实被迫接受了一些自己并不喜欢的事物。那个时候觉得把自己的真实想法坦坦荡荡说出来是一件特别困难的事情。

后来在工作中我也并不擅长人际交往，有时候不知道怎样和别人深入地沟通，更擅长的是忍让和迁就别人。

直到现在，我也没有完全克服"讨好型人格"这个障碍。

但最近几年随着自己年龄和人生阅历的增加，慢慢懂得，接纳自己，尽情地做自己，不要总是去迎合别人，每个人都有属于自己的小世界，我们不必担心会因此失去些什么，当我们越来越坚定地做自己的时候，你会发现，别人也会被你吸引。

所以，人生啊，漫漫长路，一定要放轻松。

世界上没有十全十美的人，有人的性格有欠缺，有人身体有疾病，有的人心里常年落雨。

好好地爱我们自己，即使我们有缺点，有很多糟糕的时刻，但那也是我们在很多年后回忆起来会哈哈大笑的瞬间。

4

当我们还是小孩子的时候，是不具备感受和思考情绪的能力的，有情绪就哭闹。这时候，如果有一个有思考情绪的能力的人（一般是母亲或是其他主要照顾者）接纳我们的情绪，并协助我们处理它，我们就能学会成熟的应对情绪的方法。

美国心理咨询师 Teyber 曾提出过"情绪星群"概念，意思是一种表面情绪背后，其实隐藏着一连串其他情绪，被隐藏的情绪往往是更加痛苦、令人想要逃避的，于是被另一种更能被接受的表面情绪替代了。

而无论对方情绪化的原因究竟为何，只看到表象是无法有效推动沟通的；看见并处理深层次情绪，才能真正促进对方改变沟通方式、解决问题。

要坚定地相信自己，当你不抵抗自己的缺点和情绪，不带批判地、客观地反思后，你也能够逐步实现自我坚定。坚定是爱自己中非常重要的环节。当外部环境中的各种言论干扰你时，你需要找回自己的初衷，才不会轻易动摇、陷入迷茫。自我坚定是我们抵御人际风险、关系伤害的武器，也是主动提升、追寻一种更幸福生活的动力。

5

一个人从出生起，就应该感受到：做你自己就可以被爱。

我们从小被教育助人为乐，不要任性妄为，要努力学习。

但是父母更应该让孩子知道，这一切教育的目的，从来不是讨好别人，让自己被爱，而是就算再任性，再胡闹，都会有人无条件爱你。

一个孩子，如果因为想要被爱而被指责，如果因为想要被爱，总是忍气吞声，那她很难去相信，这个世界，会有人无条件地爱上她。

　　一个总是被讨厌的人，内心会越来越封闭，因为我们生活在一个随时都可能被伤害的世界，为了避免某些伤害，我们发育出了许多自我防御机制。

　　当我们总是得不到爱的时候，我们就会把希望隔绝在心门外，也把一切未知的可能性，一起阻挡在了心门之外。

学会好好爱自己，是希望和真诚的源泉。

当你敞开自己的心扉，也就拥有了与人连接与感受爱的能力。

无论何时何地，都要相信自己值得被爱。

PART 3

星河滚烫，做自己的人间理想

我燃烧了一颗恒星来向你道别

纪伯伦生命的意义在于人与人的相互照亮。

——纪伯伦

1

小学五年级最后一次班会，我和最好的朋友写小纸条传话："不管初中在哪个学校，我们都是好朋友，不要忘记我。"

年少时的友谊真的会伴随整个少年时代，尽管后来她还是忘记了我，但是我还是要感谢人生中每个阶段的遇见。

我从来是很黯淡的人，是那些美好的遇见给了我满天星光。

它让我们在今后的人生中，一想起来彼此，也依然会嘴角带笑。

明明离别真的是一件很不开心的事，可是相比长大成人后人生中那么多的苦痛，聚散好像都变得微不足道。

我在北方的一座小城里长大，这里好多记忆都伴随着我一路成长。

故乡的山水风味像是寻常人家里的一坛酸菜，一捆沾着泥土的大葱，也像是房前屋后的草木，让人忍不住闭上眼睛呼吸，忍不住在微风里随着喜鹊翩跹歌唱。

2

18岁那年的一个晚自习，我和好友在楼道的栏杆旁，看着星空，想象着多年后的我们是什么样子。

那个时候，我们还不懂世事变迁，也还没有经历过爱情的刻骨铭心，除了大堆大堆的复习资料和总是休息不够的大脑，其他的，好像都很简单，简单到就像好友看一眼她暗恋的男生，都能开心一整天。

25岁之后，真正走上社会，从一个地点到另一个地点，从一个城市到另一个城市。

有收获，也有遗憾，那些心情，有时想起，仍会感慨。

人生好像就是一场场旅行，每一年都好像在开始，每一年也都好像在告别。

有一个总是喜欢一个人去旅行的姑娘说："一个人独自欣

赏那些风景时，就好像置身在一个特别安全的空间，好像所有人都与自己无关，那个时候感觉自己的心跳才是最真实的。"

这些年，我总想用耳朵记住声音，用眼睛记住风景，喜欢收集各种笔记本，用文字记录下每天的清晨和落日、走过的有着温暖与光辉的荒原与村庄。

生活中充满了鸡零狗碎、一地鸡毛，可是诗和远方也许就是从这些琐碎的日常中提炼出来的。

3

28岁的时候，不断成熟的我告诉自己，不论做什么事，都要跟随自己的内心，自己的人生由自己作主。

其实之前的很多年，我都是一个满怀失落的悲观者。听不见笑声，也没有"花儿"开在心里，在现实面前是一个特别懦弱的人。

那个时候我觉得，人生好像只能是这个样子。

有个姑娘拍了一张独自在旋转木马前的照片。

她说："孤独大抵是这种时刻吧，一个人放好三脚架，架好像机，看着坐上旋转木马的人。木马开始旋转，在拍摄的过程中，坐在木马上的人笑得很开心，而像机背后的我，撑着雨伞，遮着像机，木然地等待着结束。结束时，看着像机记录下来的坐在木马上的人模糊的叠影，我好像真的感到有些孤独了。"

当我们在孤独的时候去旅行，把这个世界一点一滴的瞬间，装进心里，静静地去品味一个陌生的风景，任何一个画面，任何一种民俗文化，都会成为我们内心自定义的一种心情。

可是当我过了30岁，我才真正懂得，我们每个人的人生，最终都会变成我们所期待的样子，或早或晚。哪怕在二十几岁的很多个瞬间，我曾遇到过好多以为过不去的坎儿，却也最终因身边的爱和我自己的坚持，就这么勇敢地走了过来。那些曾让我悲伤到不能自已的时刻，我却在后来回忆起来轻描淡写地一笑而过。

4

也许成长教会我们最多的就是：不害怕任何困境与落寞，不困于周边的任何变动，能够始终迎风向前，穿越过荆棘，最终到达我们的目的地。

当然，这一路，我们要经历无数次告别，比如十几岁写过的日记本、喜欢过的明星的海报和贴纸、记忆中的歌声、晚自习的星空，以及操场上天真的笑脸。

然后慢慢告别的是，妈妈年轻的双手、爸爸曾经浓密的头发、全家福中那个小小的自己。

在不经意间，我看着车窗外的景物飞速向后，脑海里的记忆像电影一样一幕幕放映。就像是大学毕业前的最后一个夜晚，我们在小小的宿舍，吃着零食，告别我们简单却又浮躁的青春。大学里通宵待过的网吧，闹钟上的大头贴，和舍友一起过的生日……其实现在想来那一切都很平常，但是那些回忆就像是一根根小小的蜡烛，照亮了属于我生命中的那一块大大的蛋糕。

5

我记得很小的时候，姥姥总是会打开她的旧衣柜，从里面拿出些山楂片、"唐僧肉"、无花果等一袋袋的小零食。

小时候，我常站在姥姥屋子里的窗户前看冬天的雪，在一扇扇小小的窗户前，看玻璃上凝结的冰花，再看窗外飘落的雪花，像极了舞台落幕时昏暗灯光下的小剧场。

有次暑假到姥姥家，某天午睡后睁开眼，我看见那只陪伴姥姥很多年的橘猫在我身边睡着了。我起身的动静将它惊醒，它很安静，睁着圆溜溜的眼仔细打量了我，用舌头舔了舔身上的毛发，然后埋头继续睡过去。

我坐起来，看看那只猫，看向窗外。那扇小窗可以看到蓝蓝的天空和白白的云。

岁月温柔，时光却不等人。

长大后，我依旧是那个胆小不爱说话的小孩，依旧特别理想化。

12岁之后，我再没有说过那句"姥姥想你了"，也再也没有吃到姥姥做的荷包蛋。

因为姥姥已经不在了。

6

和朋友聊天的时候，我听到她说，听说有一个高中校友去世了。

十几岁的时候，我们从来不觉得死亡如此之近，那个校友刚过三十岁，因为车祸，离开了这个世界。

他还留下了咿呀学语的孩子和最爱他的妻子。

那个孩子今后的生日，爸爸再也不能为她唱起生日歌。

他出门前和妻子的那句话，成了他们的最后一次对话。

我们有时候无法想象离别到来是那样快，这让你意识到应该好好珍惜当下的拥有。

我们每个人都在马不停蹄地向前走，不停地挥手告别过去，不停地回首怀念，虽有不舍，却不能止步。

7

一定要相信自己，这句话你可能说了很多遍，但是请你一定要相信：当你到达终点时，你会感激你所有的经历，哪怕一路上有疲惫、有伤痛、有孤独，但是你还拥有成为自己的勇气和对未来的坚定！

慢慢告别。那些爱，可以化为自己的力量。

给自己，给未来。

其实所有的告别都是对自己告别。

嘿，不要轻易否定你自己

好好忍耐，不要居藏

如果春天要来

大地会使它一点一点地完成

——奥地利诗人里尔克

1

有个小女孩和她的妈妈说："妈妈，长大真的好麻烦呀，我不想五岁了，我想回到四岁。"

如果那个小女孩知道之后十五岁或二十五岁的人生会有更多的酸甜苦辣需要她去品尝，那她一定会觉得自己说得太早了。

很多姑娘都会问我：

"小宛，我们的人生会越来越好吗？"

"遇到错的人，是不是因为我真的不够好，为什么受伤的那个总是我？"

"为什么我这么努力了，可是生活还是一团糟？"

…………

每次看见这样的问题，我都不知道如何回答，其实答案我们都知道，就如同很多道理我们都懂，可是不知道生活怎么就变成了现在的样子。

2

有个姑娘说，以前她很抗拒孤独，害怕一个人待着，午睡得太久醒来会害怕，做噩梦醒来也会怕。她觉得自己像一座孤岛，后来她在被生活捶打的过程中逐渐明白，人生来就是孤独的。

盖伊·特里斯的作品里面有一段写一个地铁售票员，这个售票员发现来买票的人都苦着脸，便贴了一张纸条在窗口：哥们儿，这活儿已经够苦了，你能对我笑一下吗？果然，买票的人看到这张纸条，都会心地笑了。

其实学会爱自己，让自己变得更快乐，才是成年人对抗崩溃最好的方式。

"珍惜生活""用力热爱"，我们总会听到这些词，但好好爱自己在多少人那里只是一句口号。人生有很多不得已，只有好好爱自己才能在人生的低谷里走得更远。

3

很多时候我们都努力活成了别人期待中的样子。

而你自己对生活的期待又是什么呢?

有些事，需要我们多走一些路，多用一点时间，才能够真正明白。

曾经那些痛彻心扉的不甘与不服输，最终都将成为我们一生中重要的课程，让我们感受到成长的阵痛。

生命中很多时候很多事情都不能尽如人意，那只是因为时机还未到。虽然我们会有很多的失落，但是朝一个方向不停往前走，该来的总是会来的。

4

有一个女孩在很小的时候就知道了父母婚姻关系破裂。

五岁时她的妈妈带她去深圳找爸爸，他们每天都当着她的面无休止地争吵。她的妈妈患上抑郁症，也曾自杀过。后来她的妈妈回到四川，把她留在深圳上幼儿园。

那个时候因为爸爸的工厂亏损，她住在租来的房子里，家里穷到交不起水电费，她每天放学都只能去工厂，写完作业等到晚上11点才能吃晚饭，晚上爸爸忙碌的时候，她也经常是一个人住在出租屋。

七岁时她回到四川上小学，妈妈在市里工作，她只能跟着爷爷奶奶住。爷爷偏爱表妹不喜欢她。

她当时每天晚上都是在被窝里哭着睡着，唯一的安慰就是妈妈每周回来看她一次。

好在她小学成绩一直是年级第一，又参加了许多文艺活动，做过少先队大队长，在学校过得很开心。班里的同学都不知道她家里的情况。

后来她上初中，妈妈就把她接出来一起住。初二的时候她的爸妈正式办理了离婚手续。

因为家庭的缘故，她从五岁以前的活泼开朗变成了如今的沉默寡言，于是她的妈妈在治疗自己的抑郁症的同时，也在治愈着她的女儿，期望她重新变得自信开朗。

现在这个女孩在北京大学就读，日子过得很充实，有一个很相爱的男朋友，妈妈也在工作上取得了很不错的成绩。

每次回想起自己的童年，她就觉得虽然她无法选择自己的出身，但是通过努力，她成为了她自己想成为的样子。

但是让我们难过的是，很多人没办法走出原生家庭的阴影，他们很难相信幸运的事会在自己身上发生。

5

心理学家提出，每个人都有"我很重要""我很特别""我是独一无二的"相关心理需求。因此，与众不同大致分为两种情况：有的人是为了追求和别人不一样，而刻意做出一些离经叛道的行为和选择，但本质上他们是相同的——想要不平凡。这好像是大多数人都有的愿望。而另一种人，则是因为自己真心想坚持、真正地从自己的内心出发。后者，往往才是那些能够坚持下来的人。

我看到"宝剑嫂"录了一期视频，视频里讲她如何从一个被中学老师劝退的小孩逆袭考上重点大学。

她很小的时候父母工作都很忙，她和爷爷奶奶生活在一起，从农村回城里上学后，满口的家乡话，很多小朋友都嘲笑她的口音，小学六年，没有人愿意成为她的朋友。

她变成一个没有朋友也不爱学习的小孩。

初中的时候，她的姥姥姥爷过来陪读，姥爷每天中午都会给她补习数学，她第一次发现学习真的有很多乐趣。那次数学考试，她拿到了一个很高的分数。她满心以为，老师一定会表扬她……

结果老师看了一眼她的试卷，对她说："这次你是抄的谁的？"

那一句话，像一把利剑一样，狠狠地刺伤了她。从那之后，她彻底放弃，她觉得自己那么努力都得不到认可，为什么还要努力呢？

到了初三，她被老师直接劝退。那个时候她妈妈辞掉了工作，开始专心陪她。她没有退学，并且开始学习画画。

从那之后，她开始拼命学习。她用心地去过每一天，后来考上了重点大学，选择了自己喜欢的专业，变成了一个特别优秀的女孩子。

一路走来，只有她自己知道，她的心理和行动是如何转变的。

现实和梦想也许并没有那么冲突，只要每个人能找到合适自己的节奏和方向，慢慢来，过程或许会有阵痛，但坚持走下去，总会遇见美好。

6

有时我们会觉得自己不够幸运，觉得现实和理想有很大的差距。

虽然我们无法选择在怎样的环境中成长，但是我们可以觉察并利用这样的环境带给我们的积极影响。

因为这些过去，你才得以成为你。

大多数人的生活都有不如意的地方，那又怎么样呢？

我们不要觉得自己是失败的，差劲的。我们或许和其他人不一样，这种不一样虽然可能给我们现在的生活带来了麻烦，但是也同时给了我们与众不同的竞争力。

生活中有很多困难，需要我们不断地去挑战，我们要学会不退缩。哪怕是微弱的光芒，在现实中也可以成为新的希望。

这个时候我们要做的，就是放下过去，轻松往前走。

难过和痛苦的事情就像洞里的小地鼠，一个接一个不停地出现，但是，我们有用勇气、信仰和爱做成的锤子，再多的小地鼠都不怕。

途经这世间万象，你要学会自成一派

1

有一个姑娘说，她在公司加班，预计凌晨12点以后才能结束。其实她真的又累又困，办公楼里灯越来越少，人越来越少，她心里有点害怕。

隔壁姑娘噘着嘴和男友打电话撒娇，她在一旁听着，心里羡慕有个人可以稍微依靠的感觉。

她说自己27岁了，手里的伞，晴天遮阳，雨天遮雨，被晒伤过，淋湿过，还是希望自己能撑得更稳当些，走得更自信些，再潇洒些。

我们都曾在繁华热闹的世界里，想找到一个属于自己的位置。

有时候我们觉得生活很无助，但我们可以通过爱、艺术、自然、食物和生命的其他日常细微动人之处，去对抗那些无助。

努力做一个独立的人，独立不是先天获得的，而是通过后天的自我发展才能获得的。当我们说一个人很独立时，是因为对方拥有一种更均衡、且更具成长性的心理姿态。

社会属性的存在让我们感受到归属感和安全感，与他人的交流让我们有了更为丰富的情感体验。

当一个人在生活中有足够的底气时，就不会过度关注自身，也不会因过分照顾他人而迷失自己。

2

之前看到一位90后单亲爸爸阿钭带着4岁的女儿骑行去拉萨的新闻。

他梦想着可以每年带女儿去一个没有去过的地方，他说："我可能没能力给女儿留几套房子，但我想留给她的是世界，是爸爸陪伴她去探索世界的回忆。"

一场突如其来的疫情让阿钭看淡了很多东西，他决定先放下一切，在女儿4岁生日之际带女儿去看看外面的世界。

历经71天风雨，4139公里。

在去往拉萨的路上，他觉得西藏不是目的地，对女儿从身体到精神、意志上的亲身教育才是。

他想让女儿感受"坚持"的力量，也在一路上让女儿学会拥抱自然、尊重自然，让她懂得什么叫感恩与分享。

他在微信里这样写道："我可能并不是一个好丈夫、好儿子、好的朋友等等，但我唯一在努力的就是做好一个父亲。"他能给女儿最好的礼物，就是让女儿在途经世间万象之后，学会自成一派。

3

《粉雄救兵》是一档美国真人秀综艺节目，每集改造一位素人嘉宾。之所以叫"粉雄救兵"，是因为五位改造者各个魅力十足、身怀绝技，被称为"闪耀五人组"，他们分别从时尚穿搭、美发护肤、家居环境、美食烹饪和文化心理五个方面，对嘉宾们进行大改造。

49岁的乔迪，在一所男子监狱工作。她上班时穿着监狱制服，下班回家就穿丈夫的迷彩服。25年来，她从未染过发，也不会化妆，最多只是潦草地涂涂睫毛膏。

乔迪和丈夫克里斯在网上相识，第一次约会就是出去打土狼……除了打猎和钓鱼，他们没什么其他活动，没有去过餐厅约会，没在海滨度过假，结婚十年也没度过蜜月。其实乔迪的心底也渴望这些，她想成为更好的女性，但是却不知道怎么做。

乔迪从小跟随兄弟在农场长大，女生朋友很少，在别人眼中是个假小子，常常被人取笑，乔迪往往用强硬态度面对这一切。

虽然过了很多年，乔迪对自己的认知还是停留在小时候，比如，去高档餐厅让她不自在，让她觉得没自信，觉得她这样土气的人不受欢迎。当她尝试过所谓的"光鲜生活"，她就觉得自己不应该改变，她还是从前那个"土"孩子。

于是，这个节目为她组织了一场活动，请来很多不同背景、不同职业和不同年龄的女性，与乔迪深入交流。乔迪才发现，除了广告宣传中的女明星，每个女性都可以活出自己的美丽。

女性气质并不只是漂亮的脸庞、精致的妆容这些外在气质，还有自信、积极的状态，这需要一个女性学会接纳自己、了解自己，将自身的魅力从内向外散发出来。

美丽没有统一的模板，每一位自信的女性都可以活出属于自己独一无二美好的样子。

4

当我们被焦虑困扰，是因为你的内在自我是浮躁和不安的。

心理学家 J.Bauer 和 H.Wayment 曾提出过一个与处理焦虑息息相关的概念——"宁静的自我"。它谈及的是，当我们的自我能够处在一个更宁静的状态中时，我们解读自己和他人的方式会更客观，更能从多种复杂的角度看待事物。自我宁静的状态能够使我们更少产生焦虑。

当内在的自我无法平静时，我们因为过于在意自身的感受，所以感觉身边的一切都与自己格格不入，那时，就会与世界处于一种对立的状态中。

相反当内在自我宁静时，就能够站在不同的角度思考问题，能够更真实地看待自己和他人的想法，能够更加平和地面对一切，也会更加善待和珍爱自己。

5

我们如何调整自己的精神状态，成为真正独立的个人？

想要做一个独立的个人，首先我们要做到接纳自己，接纳生活。

在我们的生活中，我们会通过最直接的亲身经验，判断哪些事物对我们来说是重要的、需要的。

在工作和生活中，我们需要找到一种主动、积极的参与方式，需要感受到自己对环境、对他人和对自身的掌控力，并且能够创造性地实现生活目标，使自己内心满足。

哪怕人生短暂，我们得学会看到，我们的人生归根结底是我们自己的，无须为别人的评价而感伤，但是也要努力发挥创造力，与固化的思维作斗争，成为真正独立的个体。

只有通过自己的感知，我们才能从生活中提炼出一个新的自己。

从现在开始，好好去生活吧，不要害怕孤独，勇敢去尝试那些新的领域，与生活发生更多的连接。让自己的内心更加强大，创造我们独一无二的人生。

认真想来，那些缺憾也没多么重要

1

琳娜去试婚纱，试了几款她都不太满意。她觉得那些婚纱的领子都不够高，而她很介意脖子下面那道长长的疤痕，一个陪伴了她将近二十年的疤痕。

每到夏天，她都不知道如何遮掩这个疤痕。

上初中的时候，每次坐公交车，她都觉得满车厢的人的眼睛都聚焦在她的疤痕上，所以养成了出门戴上丝巾把伤疤藏起来的习惯。

春天、秋冬的时候她都喜欢穿高领毛衣，虽然有些怪异，但她觉得总比被人盯着看疤痕来得自在。

2

拍摄婚礼视频时，摄影师问了他们一个问题：什么是幸福？

琳娜记得她男朋友当时的回答："只要和心爱的人在一起，无论在哪儿，无论对方是什么样子，都是幸福。"然后男朋友紧紧地握住了琳娜的手，笑着说："她就是我的幸福。"

那道疤痕来自于她6岁时的一场车祸，她的妈妈一直觉得是自己的失误导致了那场车祸，因此一直很自责，可琳娜从来没有怨恨过她，也从未因此懊恼过。相反，琳娜觉得自己是幸运的，庆幸那场车祸没有让她落下什么毛病。她感激自己现在依然是个健全的人，感激自己和家人都还活着，感激自己现在能够拥有正常的生活。

在朋友的鼓励下，她不再刻意去选择高领的婚纱。她觉得朋友说得对，在爱的人面前，没有人会在意那些微不足道的缺点。当人们看到一个自信优雅的新娘和一场幸福的婚礼时，谁还会注意那个疤痕呢？

琳娜终于明白，在生活的美好面前，作祟了那么多年的疤痕，根本没那么重要。

3

有个女孩说她经历了人生中最难的三件事情。

第一次是初恋失败，她每天以泪洗面，抑郁了一年。

第二次是父母离婚，恰逢高三，她整个人完全崩溃，每天晚上失眠。

第三次是考研，备考的过程中她压力特别大，几乎度日如年，每天站在阳台上都有往下跳的冲动。

可是，她还是咬牙坚持了下来。

她说："从此我心里有了铠甲，再没有人能让我难过超过一个月；父母后来复婚了，而且感情挺不错；考研成功了，终于能学心理学了。那些最痛苦的时刻，只要你坚持下去，该得到的最终总会得到的。"

4

一个懂得欣赏自己的人，会更加地忠于自我。

我们要学会寻找"最真实的、最核心的自己"的存在。

什么才是忠于自我呢？

福柯说："在构建自我的过程中，主体通过行为、活动，把自身构建为道德的主体。"他所说的其中一层含义是，人们在构建自我的过程中，慢慢形成了这样一种感受：我的行为是我的意志决定的，所以我要为我的行为承担后果。

真正的忠于自我，并不是反复深究我们此刻内心最本真的欲望是什么，而是关注我们与自身的关系。这种关注不只有观察，还应有选择、塑造，通过我们的行动、选择，让一套逻辑贯通、自我认同的价值观念显现，我们付出自己的行动之后，能够继续依照内心的需要做出自己的选择。

5

人生是曲折的，因为我们从出生起，就好像进行着很多的战斗。我们试图成为自身的主宰，但人生不可能尽善尽美，那些曾经让你无法释怀的缺憾，在很久之后，或许你就觉得其实它并没有什么了不起。

我们这一生想要风光无限地活着其实很难，因为它需要你战胜心里面的恐惧和懒惰，然后一点一点走向那个心目中的自己。

何必把自己困在那些缺憾中呢？做一个懂得欣赏自己的人，以自己的方式去感知这个世界，才能心平气和地生活；明白自己想要的生活是什么，才能把每一个看似平淡的日子活出自己的味道，才能头脑清醒地去审视自己。无所谓是与非，自己高兴就好。

你的一切，都是星尘

把所有的黑暗归还给寒冬

从现在起凛冬散尽，星河长明

我们就是自己的人间理想。

——题记

1

好友前段时间刚搬了新家，拥有了第一套自己的大房子。一直热爱画画的她，把家的主题定义为"山海"，她想拥有山海一样广阔的人生。

她说："你知道吗？这些年，我好像没有一刻停歇，见过无数次凌晨四点的星空，度过很多个独自喝醉、以泪洗面的夜晚，如同一个孤独的旅人，熬了好多年，始终是一个人。35岁的自己，终于能用自己喜欢的姿态去好好生活。"

我知道她这些年一路走来的艰辛。

上学的时候，她在学校很出名，长得漂亮、口才好、会跳舞。每次学校文艺汇演的时候，她都是台上闪闪发光的那一个。

18 岁的时候我们都好羡慕她，觉得她能拥有这样的人生真的是完美。

后来上了大学，她的父母离婚，她在大学的时候一边学习一边做兼职。她在很多个下班的夜晚伴着天上的星星回家，身边是川流不息的车辆，她抬头能看到写字楼窗户里散发出来的灯光。那些散发着拼劲的光芒，让她的内心孤单又坚定。

那些年 QQ 还很火，我经常在 QQ 空间看到她发的图片，上面的她穿着时尚、笑容灿烂，还有很帅的男孩子的陪伴。她跟朋友闲聊，说起以后向往的生活时，说："我想拥有一幢属于自己的大房子，为自己而活。"

2

读大学的时候，她的妈妈再婚，她的爸爸还是一个人生活。

每次过年过节的时候，都是她最想逃离的时刻。

因为她不知道该回哪个家，回到哪里她都觉得心里缺失了一部分，她只想拥有一片属于自己的天地。

她也清楚地知道想拥有这些，只有朝着自己的目标不停歇地向前走，才能够有足够的资本去拥有那些。

大学毕业，她找到一份很好的工作。很多人都觉得她的每一步都走得很顺利，也许几年之后她就会成为最好的自己。

可是她经历过很多次恋爱却又失恋了，都是到了谈婚论嫁的时候，对方的家长知道了她的家庭情况，不允许自己的儿子和她交往。

其实每当一个男孩子对她说"你这么优秀，一定会遇到更好的人"时，她的心底都在默默流泪。

她清楚，如果不更加努力，自己连拥有爱情的权利都没有。

3

大学刚毕业的时候，她努力工作攒钱，每天省吃俭用，精打细算。

每一次和朋友吃饭的时候，她总会拿着菜单翻来覆去地看，计算着一顿饭下来自己口袋里还剩下多少钱。

需要面试的时候，她规定自己，可以买一个包包和一套衣服，但不能超过200元。

她刚开始租的房子是带隔断，一个70平方米的房子住了5

个人，她的空间只有客厅的小隔断间。

每天她要提前起床排队洗漱，还要乘至少两个小时的地铁才能够赶到公司。可是，那时的她一点儿都没觉得苦。

在那年公司的年会上，她穿着好看的蒙古族服饰，跳了顶碗舞，惊艳了全场。

她到哪里都是自带光芒的主角，可是很少有人知道，光鲜背后的她，付出了怎样的艰辛。

第二次搬家，她和同事合租了一间四十平方米左右的小屋子。她还记得那天她们很有仪式感地买了啤酒庆祝。那一晚，她喝多了，一遍遍地唱着自己年少时最喜欢的那首歌。她知道，人生这些苦，终有一日，会变成酒杯里的酒，被一饮而尽。

4

26岁的她遇到了那个对的人。

男孩对她细心体贴，给了她想象中爱情应该有的样子。

她和他结了婚，有了自己的家，心也安定了下来。

很快她就怀孕生子，生完孩子后，她老公说："为了宝宝，你先不要工作了吧，我养你。"

她从未想过"我养你"这句电影里的台词会出现在自己身

上。她一开始是抗拒的，因为对于一直独立的她来说，不工作等于失去了人生的大部分价值。

可是婆婆和妈妈都在其它城市，除了老公，只有她一个人能照顾孩子。她犹豫了很久，终于决定为了孩子，暂时放弃工作。

无数个夜晚，老公因为加班回家很晚，她和孩子躺在床上，在梦里，她无数次地回到了自己的青春时代。她靠着那些梦，度过了很多个难熬的夜晚。

在孩子一岁半的时候，她的老公和她发生了更多的争吵，甚至一言不就合会大打出手。

婚姻在恍然间变了模样，她在镜子前，看着自己从90斤增长到150斤的身材，看着自己为了节省时间、更好地照顾孩子，把齐腰长发剪成的短发，看着自己越来越松弛的皮肤，觉得那真的是一个陌生可怕的自己。

5

可是生活有时候真的会对我们"一锤再锤"。

她还没来得及悲伤，老家的亲戚打来电话说，她的爸爸住院了。作为女儿的她，需要承担起照顾父亲的责任。

她带着孩子，千辛万苦地回到老家安顿好父亲。然后赶回来时，下着大雨，老公居然没有去接她，她只好一个人打车回家。

回家之后，她很果断地决定和老公离婚。

腐烂了的婚姻，不要也罢。

即使已经变成了平庸的中年妇女，她也依旧有重新开始的决心。

就像电影《从你的全世界路过》中有句话说，每个人的记忆都是一座沙城，时间腐蚀着一切建筑，你步步回头，可是却只能往前走。

6

她和老公签了离婚协议，把孩子送到她妈妈那里，每周末回去陪伴孩子。她独自租了一间属于自己的小屋子，第一次拥有了属于自己的单独的小空间。

30岁的她，一切归零，重新开始。可是她却觉得无比轻松。她会在阳台上摆上自己喜欢的盆栽，在地上铺上自己喜欢的地毯，睡前放自己喜欢的音乐。她觉得做好入职前的准备，第一就是减肥和重新塑造自己。

她开始每天健身，舍不得去报健身班，就在小小的房间里跟着视频里的动作一遍一遍练习；她的普通话不是很标准，所以每天清晨六点，她还会准时练习一个小时普通话；她也会在傍晚的时候练习瑜伽；她会在睡前学习一个小时英语。

坚持真的很难，但是能坚持下来的人也真的很酷。

她觉得自己像一个不曾停歇的旅人，一个人走过温暖如春的草原，也走过寒风刺骨的沙漠。

7

那些打不倒她的，都会让她更加强大。

用了一年时间，她就减回了原来的体重。不断地坚持学习，让她的气质发生了很多改变。

她变得更加自信，她不相信30岁的女人重入职场很困难。她凭借着自己的努力，在一家艺术中心找到了工作。她觉得仅仅有工作是不够的，更重要的是，这份工作能不能让她看到未来，她想要给自己和宝宝一个更好的未来。

新的工作，新的岗位，一切都将重新开始。

可是她没有惧怕。

她和刚毕业的年轻同事一起熬夜加班，一起讨论每一个活动策划案，一起让生命变得更有活力。

她觉得只要还愿意努力，世界一定会给你惊喜。

而且在那里，她还可以画自己一直喜欢的画。

她很喜欢那句话：世界在雾中，我们时常迷茫，却又充满对生活的幻想。是的，生活本来就需要一个美丽的幻想，让我们在巨大的压力下有所期待，而你应该像凡·高画笔下的星星一样，明亮闪烁不忧伤。

重新回到职场的那五年，她和宝宝一起成长。不久前，我看到她和自己的孩子一起拍的合照。

照片里的她依旧年轻，她穿着碎花连衣裙，踩着高跟鞋，整个人看起来很阳光，站在旁边的小男孩酷酷地比了个胜利的手势。

她用自己的行动告诉周围的人，什么时候都可以重新开始。

8

有时候打败你的不是时间，而是能影响你的声音。其实无论是听到了哪种声音，你一定要坚定地相信自己，你会距离那个你想要成为的自己越来越近。

当好友搬到那个真正属于自己的新家时，她很庆幸自己这一路走过来，从来都没有想过放弃，一路向前，一路勇敢，走到了现在。

我们经常听到有人说："人生怎么这么不如意，快要坚持不下去了。"其实我们的人生就是这样，这是一个需要我们不断磨砺的过程。

其实她和其他人并没有什么不同。她是一个很普通的小城姑娘，18岁在台上主持的时候，都不曾想过自己28岁时是什么样子。

而35岁的她，依靠着自己的坚持和努力，活出了自己真正的样子。

我很喜欢一句话："每天都有人坐在黑暗里，就像在月亮的背面，在黑暗里面的人仿佛一直等不到光明，但是光明终有一天会再次到来。"

生活一次又一次地给我们风霜雨雪，但是只要熬过去，就一定能拨云见日。

会不会遭遇创伤，任何人都无从知道。但我们可以选择跨过它、克服它去获得自己生命的另一种力量。

9

劳伦斯·克劳斯在《一颗原子的时空之旅》中说："你身

体里的每一粒原子都来自一颗爆炸了的恒星。形成你左手的原子和形成你右手的也许来自不同的恒星。这是我所知的物理学中最富诗意的事情——你的一切都是星尘。"

勇敢地选择重新开始，往往意味着我们将从过去的身份中解放出来，将内心真实的愿望袒露出来。这更像是一次自我的新生机会，过去的压抑、搁置的计划、那份执着的热爱，都将重新回到我们面前，被我们认真地对待。

当我们的人生经历越来越多，我们会有一种更丰富、更有层次感的成长观念，而不仅仅是单一化的生命图景。它能够让我们在不同的人生阶段拥抱现实，以更好的姿态对待自身的变化。

运动和读书，永远没有太晚的开始

1

"176厘米，206斤。"

"一个离过婚的女人。"

"带着一个拖油瓶。"

……

曼曼说的这些都曾是世俗给她贴的标签。

她是一个离了婚，还带着娃的单亲妈妈，她曾经以为自己的生活就此毁了。

可是，并没有。

几年前她跟前夫离婚了，那时他们已经有了一个两岁的女儿。

她说她不想抱怨任何事情，但看着自己200多斤的体重，心里怎么也欢喜不起来。

因为她是海绵体质，又特别爱吃，加上生孩子后心情抑郁造成身体激素紊乱，体重便一发不可收拾地增长起来。

离婚后的半年时间里，她白天要工作，晚上回家一个人照顾女儿，那段时间真的很煎熬。

因为心情极度抑郁，加上身体不好，她深夜晕倒在了家中，而家里只有一个不到3岁的女儿。

她一边告诉自己"没事，我可以"，一边努力爬回了自己的房间，就那样消沉地过了半年。

2

直到看见妹妹生日聚会的照片中满身肥肉像"大妈"一样憔悴的自己，她才下定决心，该做点什么了。

她决定要彻底改变自己，从减肥开始。她先是找营养师咨询学习，合理饮食，以每月减10斤的速度，五个月就从206斤瘦到了婚前的156斤。之后她开始健身，四个月后，她又瘦了23斤，176厘米的她从156斤瘦到了133斤。

当时31岁的曼曼用9个月减了73斤。

回过头来看看走过的路，她觉得有太多话想说。

因为之前她身体不好，所以别人总劝她"这个你做不了""那个你做不到"，不知道被多少人讥讽了多少次。

但她偏偏不相信，过了莽撞和任性的年纪，她明白自己要什么。

因为这世界上本就没有什么事情是理所当然和顺畅的，一切不安和困难都是我们奋力向前的动力。

3

如果一个人经常运动，那么他会明白，积累的运动量比单次的运动量更有价值。

当你能够专注于积累本身，自然能够循序渐进。

同样的道理，也适用于读书。

时间一久你会发现通过运动和读书，一个人是可以慢慢变好的。人们总是不愿意相信，是懒惰阻碍了我们前行的脚步。

有姑娘说，当运动后在柔和的灯光下看着镜子中的自己，一种能掌控自己身材的自豪感油然而生，还能深切感受到所有的坚持与努力都得到了回报，这种感觉很美好。

长期坚持可能很困难，这需要我们强大的毅力，还要与嘴馋、疲惫、天气、时间、场地、枯燥等困难斗争。遇到困难积极地想办法解决，而不是找借口逃避，一次又一次地坚持，会让你逐渐拥有强大的自制力。

或许运动最大的意义，就是让我们拥有了掌控自己的能力，间接带来安全感和成就感。

运动会让你体验到第二生命的成长，让你变得更有勇气、更自信，懂得坚持、自律，让你更清晰地感受呼吸的力量和宇宙的律动。当你和大地同一个频率，大汗淋漓过后，你将与世界和解。

4

我曾在一个读书会听到海春老师的分享。

她和大家分享一个关于"早起"的话题，她说那天是她早晨5：00起床计划执行的第156天，其中包含凌晨4：00点起床45天。

海春老师在一家快餐连锁企业任职，由于在办公室长期久坐，得了严重的腰椎间盘突出症。8年中这个病反复了三次，最后一次她基本上卧床不起，生活不能自理，只能趴着吃饭，到了晚上疼得更厉害，一晚上只能睡2个小时。当她被病折磨得不成人形时，她开始接受治疗。

一个月的时间，每周针灸一次，每次30～40针。有的男人被扎得鼻涕一把泪一把，这种情况下她却挺着没哭，因为每扎下一针她都在心里咬着牙说："我一定要改变，这样的罪我只受一次。"

经过几次治疗，她的症状逐渐减轻了，晚上能睡觉了，但是她却睡不着了，她在思考到底是哪里出了问题。

很多人都说："你这个工作狂，为了事业把自己搞成这样。"

她当时确实是这样的，无止境地加班、没有休息日是她的日常，甚至连生病期间她也会躺在床上办公。后来她做了深刻的反省，终于找到了原因。

5

她觉得工作本身没有问题，是她的生活方式出现了问题。她总结，当一个人无缘无故出现了下列症状：烦躁、郁郁寡欢、不愿与人交往、开始躲避人群、身体出现毛病，不用怀疑，一定是生活方式出了问题。

人们常说痛则思变，她下定决心要改变。她开始尝试阅读，阅读为她的世界打开了一扇又一扇的窗。在她阅读过的大量书籍中都提到了早起这件事情，海春老师想这很简单啊，她也可以做到。

结果一做就是两年，这两年中她不断地失败，不断地放弃，不客气地讲，早起这件事真没想象中容易。在重新振作起来后，她又开始大量地阅读关于早起的书籍，摸索出了很多的方法，总结出来就是：如果你自己不想改变，有再多的方法、再多的老师也帮不了你。

　　在她持续100天早起后，她决定成立早起打卡群，带动身边更多的朋友一起早起。很多人会早起在4～6点打卡，然后分享他们早晨在做什么，有人在听书，有人在阅读，有人在背单词，还有初中生和高中生早晨起来温习功课。

　　有很多朋友对她说："怎么办？我就是起不来，不愿意离开温暖的被窝，你是怎么做到4点起床的呢？"

　　海春老师说："我也失败过无数次了，关键是我失败后会去总结，失败后再从书中找方法，再实践。慢慢地，我在做这件事情的过程中总结出来了早起的终极奥秘——早起的前提是早睡，早起要干什么比早起本身更重要。"

6

　　早起到底要做什么呢？这是早起的核心，它比早起本身更具有意义。

你问问你自己的内心，你一定有想去做的事情。

海春老师说自己会在早晨喝茶、做瑜伽、阅读、做读书笔记、写晨间日记，到今天她已经写了200多篇日记，写日记其实就是知识输出和经验总结的过程。她说之所以可以站在这里给大家分享，全部得益于每日的晨间日记中点点滴滴的感想。

为了自己的健康，她选择了去北京学习瑜伽，并考取了高级瑜伽教练证。毕业那一天，她的瑜伽启蒙老师对她说，千万不要放弃瑜伽，你可以成为一名非常棒的瑜伽老师。

她开始建立自己的目标与计划。学习冥想、时间管理、思维导图……

在2017年她接触到了极简生活，这给她的生活带来了极大的改变。目前她的所有衣服和鞋子都在100件以内，她删掉了手机中多余的70多个App。他们一家三口三年没有看过有线电视。"极简"这一理念，不仅被她应用在生活中，还潜移默化地融入她的企业和管理团队当中。

生活就是一场"断舍离"的旅行，我们来到这个世界的目的就是来体验的。不要过了很多年以后，你悲哀地发现，你每天唯一坚持下来的事情就是给手机充电。

纪录片《翻山涉水上学路》，由德国 Maximus 团队在2013～2018年拍摄而成，他们走过埃塞俄比亚、尼加拉瓜、墨西哥等10个最具代表性的国家，拍摄了一条条凶险的上学路，影片记录了一群以命相搏去求学的孩子。

在埃塞俄比亚沙漠上住着阿法尔人，那里每个村子之间大约相隔十几公里，有的村子可能只有两户人家。

有个村庄的孩子，需要步行15公里到学校上学。沙子路很难走，脚经常会陷进去，有时候遇到沙尘暴，人很容易就迷路了。

放学时间是下午一点半，那是一天中最热的时候，沙子的温度高达70多摄氏度。路上没有水源，也没有遮阳处，他们没有钱去购买一个水壶，只能在出发前多喝点水。

2个小时的路途，只能换来4个小时的学习时间。

在西伯利亚的奥伊米亚康，那里的冬季从10月持续到次年4月，平均气温低至零下40℃。

早晨6点，阿耀沙的妈妈把屋外的冰块搬进房间，等它融化后，阿耀沙起来就可以洗漱了，那个地方没有流动的水。阿耀沙每天要穿6层衣服，小镇上只有一班校车接送孩子。要是校车延误，为了防止冻伤，阿耀沙等车的时间超过10分钟就必须返回家。因为寒冷，室外的活动时间是被严格限制的。

即便如此，阿耀沙和他的小伙伴们，在零下50℃的严寒中，依然勇敢去上学。

在秘鲁有一个很大的山底湖喀喀湖，湖边上有个叫乌鲁的村落。

11岁的比尔达每天早上6：30出发，独自划船2小时去上学，晚上，再独自划船回家。

要是遇上坏天气，他的船就很难掌握平衡，很容易在风雨里被吞噬生命。但他说："我真的很喜欢读书，我不怕苦。"

纪录片里还有好多故事，孩子们为了上学，和大自然勇敢作斗争。

他们努力学习知识，为了过上更好的生活，为了去外面看更广阔的世界。

那些孩子光是上学就用了全部力气，我们又有什么资格不努力不珍惜呢？

8

当然不是每个人生来就可以把生活经营得很好，但是"怎样找到我们自己"却是一个关键性的突破。

当你有条件读书的时候，一定要努力读书。要知道，用功读书和没有用功读书、努力学习和没有努力学习，差距是非常大的。

健身是对身体的保养，读书是对心灵的洗礼。

运动和读书，永远没有太晚的开始。

读书和健身，总要有一个在路上。

我们一生的命题就是成为自己

1

那个夏天，我和好友去了一家音乐餐吧。

耳边响起的民谣，舒缓得让人想起年少时最单纯的时光。

我看着对面的好友说："很庆幸，这么多年过去，我们都没有变成自己最讨厌的样子。"

我看着她越来越努力地为自己而活，我们一起听着歌，想起了多年前一起走过的那些时光。

那个时候她还是个小胖妞，每次我们一起吃火锅的时候朋友们都让她减肥。

她都满脸不高兴，说："什么是真正的内在美懂不懂？难道只有瘦下来才好看吗？别挡着我，我要好好吃火锅。"

我们逛街买靴子的时候，她试了一双，说："糟糕，靴子卡到小腿这儿，拉链拉不上去了。"

然后她边把靴子脱下来边说："哎，小腿有点壮，这个靴子不适合我。"

她说完，我在旁边拉起她的手，我们下一站继续吃火锅。

后来她恋爱、结婚，人生途中拥有了很多快乐，也体会了很多痛苦，也瘦了下来，不再像当年那样贪吃了。

如今的她连S码的衣服都能轻松驾驭，喜欢戴好看的耳环，穿漂亮的裙子，完全没有当年小胖妞的影子。

我们这么多年一起成长，有时候小聚哪怕只是静静地坐着不说话，一个眼神都知道对方在想什么。

干杯的时候，我们相视一笑，眼泪好像瞬间流到了心里，那也是我们曾经拥有过的最澄净的时光。

2

之前有一档日本综艺，节目组邀请了4位女孩参加"50日变美计划"。

不用整形和减肥，只是改变外在的环境，看看在50天的时间内，她们的生活会发生怎样的改变。

其中有一位小姑娘，对自己的容貌非常自卑，曾经被同学们嘲笑鼻毛外露，于是她整天戴着口罩。不喜欢与人打交道的她，与人交流时总是声音含糊、眼神躲闪，整个人看起来畏畏缩缩的。

在节目中，剧组安排她学习意大利语，并且由一位高大帅气的外教来指导她。

整个学习的过程中，男老师不断地对她进行赞美。

"你的眼镜很可爱，和你的黑色头发很搭！"

"你的这件T恤很可爱，这朵花送给你喔！"

……

起初她非常紧张，害羞地摆摆手说"没有没有"，然后忍不住偷偷笑了起来。

久而久之，她真的放松了下来，与外教的相处也越来越融洽。

更重要的是，因为一直被赞美，她逐渐变得自信起来，对生活也充满期待，终于在一次参加外教们的聚餐时，鼓起勇气摘下了口罩。

那些善意的夸赞，改变的不仅仅是一个人的外貌，更是一颗原本封闭和不自信的心。

接下来，她开始整理屋子，购买时尚杂志，试着学习化妆，换不同的发型，穿漂亮的裙子……

和朋友自拍时，她大大方方展露出灿烂的笑容。

短短50天的时间，一个自卑羞涩的小姑娘，完成了一次真正的蜕变。

3

有个姑娘，在她很小的时候，被妈妈去学习芭蕾。

在学习的过程中，她的老师告诉她，芭蕾是关于美的艺术，而美丽是"对自己有要求"，老师希望她能够享受芭蕾带来的疼痛感。

芭蕾的动作看似柔美，其实全身的肌肉都在用力，需要精妙地控制自己练习身体姿态，对肌肉的要求很高。

练习芭蕾的过程无疑是痛苦的，很多次她被压在地上拉开韧带，那真的很痛，大家都会痛得流泪，但都在咬牙坚持。

在努力练习了几年后，她终于第一次穿上了足尖鞋，看起来好美。后来就算在练习过程中，脚趾被磨破了，血黏在袜子上面脱不下来，她还是会坚持完成动作。

现在她虽然漂泊他乡，但她一直把当初的一双芭蕾足尖鞋带在身边。虽然舞鞋的鞋尖已经磨损，失去了曾经的光泽，但是她每次看到它就会想到过去，那个曾经喜爱芭蕾的小女孩为了单纯的梦想忍耐痛苦、坚持不懈。每当此时，她就会感到全身充满了勇气。她的童年充满了不断战胜疼痛的记忆，所以不管今后怎样，她都会像跳舞时那样，朝着更高、更远的地方踮起脚尖。

有时候我们会不断地自我否定和怀疑，但是我们依然在时间序列中平稳前行，在不断地察觉着我们的内心。

4

我认识的高老师，诗词歌赋样样精通，穿着连衣裙朗诵诗歌的时候宛如仙子；闲暇的时候去徒步，穿着一身专业装备，像小太阳一样温暖别人。

她是那种动静结合的女子，懂得在生活中寻找快乐。她说她喜欢待在那些让她感觉到舒服的人身边，哪怕不说话，也很好。

她不会伪装，把所有的喜怒哀乐都明明白白地写在脸上。

在徒步的过程中，她遇到很多志趣相投的朋友。她把这看作生命的加法，从这当中能得到许多快乐。

她很喜欢徒步，她说："山里仿佛总有着无穷的魔力吸引着你。从背上登山包的那一刻起，你就平添了一份英武之气。随着叮咚流淌的山泉水，一路都是红的、粉的、黄的、蓝的……野花在你眼前招摇着。它们摇曳的身姿使你不由得驻足观赏。一丛茅草里可能会传出急促的山鸡叫声，仿佛离你很近，你却觅不到它的踪迹，更不用说偶尔跳出的一只野兔会吓你一大跳。那纯净瓦蓝的天空中划过雄鹰矫健的身影，会让你感到山里的一切都那么自由、畅快，你的心都要飞起来了。"

高老师特别感谢自己的执着和固执，一直保持着自己的秉性，摒弃自己不喜欢的人或事，还有自己所看不惯的。她觉得既然年轻时都不肯为了迎合别人而改变自己，到了现在这个年纪，就更没有必要为他人而改变，她把这看作生命的减法。

人生从加法到减法，是需要时光的沉淀和历练。

5

朋友月儿是一个文艺、清新的女孩。长发齐腰，体重不过百，说话温柔，眉眼清秀，走到哪儿都像是一道好看的风景。

她从不依赖他人，经济独立，人格独立。

她工作时努力认真，假期的时候去自己想去的地方旅行。在冰岛看过极光，在赫尔辛基喝过小酒，也在北极圈给朋友送过祝福。

这样努力生活的女孩子，依旧被爱情伤害过。可是，她还是勇敢地走了出来。

每个人都有每个人的悲伤，谁不是带着伤痛，努力挣脱黑暗的束缚，奔向阳光。

遍历山河，人间值得。

所谓自由，不是随心所欲，而是主宰自我。

就像她喜欢的那一首歌《今后我与自己流浪》里唱的：

在期待后失望　在孤独中疗伤

拥抱已耗尽我所有的力量

今后我为自己绽放

在告别后坚强　受伤也绝不投降

她说生活让她学着踏实且务实，曾经想要活得风光无限，如今只想低空飞翔。

6

一个努力生活的人一定是很温柔的，温柔的意思是收敛自己，让别人活得更舒展。

就像晓霞姐是一个特别温柔的人，每次和她聊天，都让人感到心里暖暖的。

有一段时间晓霞姐的妈妈住院了，她在家帮妈妈准备好了所有的东西，甚至把电饭锅都拿到了医院。她怕妈妈吃外面的饭不习惯，每天都亲自给妈妈做饭。

每天下午，她的妈妈输完液后，她都在病床旁陪妈妈看书，给妈妈朗读一篇篇妈妈感兴趣的文章，陪妈妈聊天。

连护士都说："看到你们一起看书聊天的场景，觉得好有爱啊，病房里都充满了温馨。"

在妈妈做手术的前一天，晓霞姐悄悄跑到电梯那，对按电梯的工作人员说："明天我的妈妈要做手术，她被推到电梯里时，拜托您对她说一声加油。"

第二天，她的妈妈做手术前，收到了很多祝福，一下子就没那么紧张了。

妈妈说："听到他们跟我说"加油"，我就没那么害怕了。"

晓霞姐的妈妈出院那天，正好下起了雪。

晓霞姐像一个孩子一样，捧了一把雪，轻轻撒在妈妈身上。她说："妈妈你看，今天下雪了，让雪飘在身上，把病痛都带走。我们迎来了新的开始，你的身体也会很快好起来的。"

晓霞姐的温柔来自心底，她让人感觉到由内到外的体贴与善意，以及和善地和世界相处的温柔。

真正的温柔是你见过最暗的夜，却依然给别人最亮的光。无论多辛苦，都想要给别人带去力量。

7

其实我们不必符合任何人的期待，因为我们一生的命题就是成为自己。

我看到自己手机里的一张照片，上面是自己一张大大的笑脸。虽然笑得很夸张，但是那一刻我是真的开心。

　　生活的模样千姿百态，过适合自己的那种就好，不论过去和未来怎样，至少那是属于我们自己的时光。

　　当你看到的世界越来越广袤，你会感受到更多的未知，会从中获得更多的力量，而这力量不再是寄希望于他人，而是来自你自己。

只有你才可以定义你自己

1

白岩松曾说过一句话："一个人的价值、社会地位，和他的不可替代性成正比。"

在飞速发展的时代，你只有适应这种变化，练好自己的独家本领与能力，才不至于被淘汰掉。

人生就像一片笼罩着迷雾的森林，我们不断深陷迷雾，又一次次在探索中走出困境，重新坚定自己。

承志是我在读书会上认识的一个28岁的年轻企业家。

我记得读书会上他分享的是霍金的《时间简史》。

《时间简史》里有一段话："我们看到的从很远星系来的光是在几百万年之前发出的，在我们看到的最远的物体的情况下，光是在80亿年前发出的。这样当我们看宇宙时，我们是在看它的过去。"

站在台上分享读书心得的他，侃侃而谈，眉目清亮，用自己的理解讲出了他的一些感悟。台上的他，风趣幽默，赢得了台下读者的阵阵掌声。

2

承志说起他的童年时代，让他体会深刻且记忆犹新的感受就是"独立与自主"。小时候，他的家庭条件并不是特别好，因为那个时候他的家族正处在由自行车、摩托车业务向汽车业务转换的关键时期。家族中所有的成年人都处在辛苦创业的阶段，所以在他的成长过程中除了"教育"这个关键词引起过大家的注意以外，其余的也都只能交给他自己去面对。自己玩耍、自己洗衣服、自己给家人做饭、自己去上课外辅导班……在那个阶段"独立"成了他的生活主题之一。他的爸爸妈妈在他上大学之前从来没有陪他旅游过，因为他们工作太忙了。

很多人会问他，那样的童年会不会缺失很多爱？

他回答说："我从来都没有因为这样的童年记忆而感到过悲伤，我反而觉得家庭环境迫使我过早地独立起来，对我漫长的人生之路而言是一笔巨大的财富！这也为我后来在美国独自生活，回国执掌企业，做了很重要的铺垫。同时我也从来不怨恨我的父母，没有他们的艰苦创业，也就没有我今天的这个平台。在我心里他们是偶像、是英雄，赶超他们成了我一生中最大的目标。"

3

承志从小就爱读书，涉猎的领域包括政治、历史、经济、地理、人文，所以在漫长的学生时代里，阅读课外书籍成了他最大的乐趣。

承志的爷爷到现在还保持着天天读报纸的习惯。承志说，每次见爷爷，爷爷都会告诉他最近自己读了些什么，爷爷读过后觉得特别好的那些信息都要分享给他。

在他的记忆中，童年虽然有些辛苦，但这笔财富将让他受用终身。他养成了节俭生活，精打细算习惯，身为富二代却从不趾高气昂，这也让他在后来交了很多知心的朋友。

承志上了大学之后就有了更明确的目标。大学对他的意义是什么呢？从上大学报到的第一天开始，他的目标就非常明确，用三个关键词来形容就是：价值、朋友、成果。他觉得自己必须把自身全部的价值和优点展现出来，因为他想通过这些价值与优点帮助到更多的人，和更多的人成为朋友。

后来承志去美国留学。在美国留学的四年时间，是他人生中最为五味杂陈的时光，因为他突然迷失了方向，挑战、成长和责任同时扑向了他。

"我到底是来干什么的呢？"他会在脑子里想很多遍，但是却找不到答案。

在别人看来，作为一个留学生是多么的光鲜和潇洒，可是当时语言、文化的差异，却让他脑子有些懵。

之后有很多日常生活上问题都让他身心疲惫。他说："直到今天我都不敢回想我是怎么挺过来的。"

人生的每一次选择都有意义。回首留学那四年，承志感觉真的有很多收获，他的能力正在成倍数地悄悄增长：独立做决策的能力、遇到事情冷静分析的能力、学习的能力。这让他从另一个视角认识了自己。承志觉得那些锻炼和提升都为他执掌一家企业打下了坚实的基础。

正是那些尝试带给了他很多可以分享的故事、感悟和成长，也正是这所有的经历，让他如今可以尽情地做自己，而不是在年龄渐长后，越来越如履薄冰、慎小事微、压抑本性。

4

承志在工作中找到了自己的价值。

或许，他在很早就被设定为"别人家的孩子"，但是他自己知道，就算家里有矿，也需要不断努力，把自己变成家里的那个矿才是最有价值的。

在这几年里，有时他并不能心平气和，也在不停纠结、焦虑，在摸索着前进，在为自己的梦想打拼。

很多时候，"证明一下我的能力"这种好强的心态，一直与承志相伴随着。他很庆幸自己在人生的每一个阶段都能勇敢地迈出第一步。其实人生就是一个不断认清自己的过程，这个过程让他不断地找到自己真正想要追求和实现的目标。

想做的事情就抓紧时间去做，只有不断提高自己才能适应时代的变化。

5

生命是流动的，生活也当如此，流动与变化不仅意味着不同环境的更迭，也包含了起落不定的情绪波动和意外经历。而这一切都是丰富的人生体验，是你真切又热烈地活着的证据。

承志在生命中遇到了自己最爱的人，他觉得是爱情帮他度过了人生前三十年中最艰苦的八年。在美国他每天最开心的时间就是她睡觉前、他起床后接通视频的那二十多分钟，有的时候视频的时间还会随着话题而无限延长。正是这种力量才帮他挺过了那段艰难的时光，才让他有无限的力量迎接挑战，并战胜所有的困难。

后来，承志的儿子降生了，这是妻子给他带来的一个无比珍贵的礼物，生命的延续让他的人生更加完整而无憾。

孩子成长的过程给他带来了无限的快乐与幸福，一家人幸福美满。

6

承志之所以成功，是因为他有很强的行动力。行动力的关键是给自己形成"正向激励"的良好循环。

从小事做起，先把最简单的事完成，你就已经是个行动者了。

当你行动的那一刻，你就不会坐着一天都等着执行那个最宏伟的任务了。

宫崎骏说过一段话："努力这种事情，是理所当然的，我们这一行，多得是努力也没救的人。你不努力，本来就不像话。有时候你会彻夜难眠，那也是必然的。那时候你会明白，没有什么东西能宽慰你，鼓励你，全都要靠你自己。有的人会简简单单地放过自己，根据这种选择，人的命运会有很多种不同。"

丰富的人生经历，以及清晰可见的成长，会让一个人不再畏惧年龄的增长，因为每一个数字的增加，都意味着更多精彩的人生经历。

PART 4

热爱可抵岁月漫长

热爱可抵岁月漫长

1

有人曾问过这样一个问题："如果给你自由、给你才华、给你青春，你会做什么？"

有一个回答是："你一定要像书里的那些名字一样，成为世上的光。"

人不管在任何年纪，都应该有所热爱，有自己的心之所向。

2020年5月，《大象席地而坐》获得了金像奖的消息传来。随后火起来的还有那部电影的摄影师，中国唯一的一位扛斯坦尼康稳定器的女摄影师——邓璐。

那个重量达六七十斤的稳定器拍出的镜头最接近人眼视角，视觉冲击力强且富有动感。

一般用它的都是男孩，很少有女孩用它。

邓璐每次操作时都要穿辅助背心，把重重的装备背在身上，扛着机器跟着演员跑。

她的花絮剪辑火了以后，得到了很多网友的夸赞。

但是别人不知道的是，为了背得起斯坦尼康，邓璐疯狂健身，增肌减脂。

在夏天，她被机器捂得满身都是湿疹，半夜又痛又痒，不能翻身，难受得直掉眼泪。

还有一次，在拍摄的途中遇到大风，楼顶上的招牌掉下来，落到她脸上。她没能及时控制身体，往地上滚去。这一摔，衣服上糊满了泥土和血，臀部的韧带也拉伤了。

但是她在心里一直坚信，坚持下去，一定会成功的，一定会成为一名摄影师。

从在剧组里当助理被人骂"这不是你女孩子动的东西"，到自己攒钱买第一台机器，再到有资格背百万级别的斯坦尼康，邓璐用了漫长的14年。

终于，她实现了梦想，成为了金像、金马获奖影片的摄影师。

陈凯歌导演对她说："邓璐，你穿了个铁马甲，但你像个女诗人，拍的镜头像诗一样。"

2

一个人探索生命意义的目的，无非是想明确地知道，他该怎么去活。

生活中那些好的坏的情绪总能一千一万倍地击中我们。

我们都曾有过这样的经验，有时候拍一寸照，反复摆姿势，做表情，但是拍出来的影像却依旧呆板，但是当我们随心所欲地拍照时，松弛自然的真我就能得到释放。

其实，我们的一生都在扮演自己，而时间则是我们忠诚的见证者。请不要让我们自己的独特性消失于岁月中。

尽管时间是把锋利的刀，每个人都伤痕累累，每个人都会丢失一些独特的东西。但是我们依旧是独一无二的，自我可以延伸到世界的各个角落，每个人都活在自己的世界里。

世界很大，把自我的坚持和勇气作为支点，我们就不容易坍塌。

有人说，"发现的乐趣本身即是奖赏"。先"发现自己"再努力"成为自己"，最后你才能"做自己"，这生命的过程本身就充满乐趣和意义。世界并不存在于少年人的想象中，世界就是世界，你对它的理解无法改变它的样子，有时候可能会觉得它很荒谬，但其实，它无限精彩。

3

之前在网络上看到一个北京女孩逆袭的故事。

85后北京女孩殷越，毕业后没去上班，宅在家里很多年。前三年几乎零收入，和大多数人一样，她处于迷茫又焦虑的状态中。支撑着她走过艰难时期的，是她对手工的热爱。

她在家里开始制作羊毛毡，一针一针，戳出自己脑海中想象的各种玩偶，蘑菇小人、大象、小猴子、小鹿……每次做完一件羊毛毡，她都特别有成就感。

当她把自己的作品放到网上后，这种童话感满满的风格，瞬间吸引了很多人的关注。

她把自己那些悲伤和快乐的情绪都融进了羊毛毡里，给人带来温暖又治愈的感觉。

后来，欣赏她作品的人越来越多，她举办了一个又一个展览，她的作品，受到了很多人的喜欢，以至于几百件作品几个小时就全部售罄了。

做手工很辛苦，她需要每天工作12—16个小时，趴在那里不停地戳，其实很容易坚持不住。但她却从没想过放弃，因为这是她一直喜欢做的事情，也通过做这件事带给了她满满的幸福感。

通过手作，她找到了自己的价值，得到了无数人的认可，也治愈了曾经那个找不到生活出口的自己。

4

　　随着年岁的增长，会内心伴随着失落，虽然有时候会在生活中得到温暖和支持，但是生活的无常还是会令人产生失望和痛苦的感觉。

　　如果一直这样生活的话，只是一种逃避，无法让人用心享受生活。

　　我们经常感到自己渺小得像尘埃，没有那么多的存在感，我们的心里或许有一大堆疑问：我是谁？我有价值吗？我有力量吗？我真的存在吗？

　　在痛苦面前，我们的生命容易封闭起来。自己的力量会被慢慢遗忘，内心坚定的东西可能会动摇，那些被定义为"价值"的内容会慢慢消逝。

　　面对这些痛苦无常的时候，我们不仅能感受到自己可能受到的伤害，更需要的是感受到自身的力量。

　　承认自己内心的脆弱，保护那些珍贵的情感，是人与人之间感情流动的重要方式之一。既然我们无法预料生命中的无常，那就学会拥抱自己，拥抱生活。不要忘记我们的力量。

我们不断成长与生活，积累的经验越来越多，也更容易找到自我，充满活力。由于内心的丰富，我们不会屈服于枯燥反复的日常，我们会活出生活更加丰富多彩的一面。

心理学上有一个杜利奥定律，指的是：没有什么比失去热忱更使人觉得垂垂老矣；一个人没有热情，一切都将处于不佳状态。

一个人如果能够主动去探索兴趣，并积极投入、沉浸式体验，就会更容易激发生命的热情。

4

生活没有标准答案，我们自己的坚持和内心深处的那份热情就是答案。

喜欢自己比喜欢世界重要。愿所有人都全身心地参与生活。对生活的参与和投入是专注的、富有创造力的。

当你投入地生活，会发现你的关注点是满足感而非愉悦感，那些积极的人会去尝试实现自己的梦想，而不是做一些及时行乐、目光短浅的事。这种追求充实的满足，而不是追求当下的愉悦的生活方式，更能帮人建立对生活的兴趣。

一个完全投入生活的人，会被一朵云、一束花、一个微笑所打动，生活中的小细节都有可能成为他发挥创造力、享受生活的机会。

美好的你值得一切。不要忘记自己的梦想，保留一些单纯，保留一些想象力，保留那份热爱。

谁不是一路跌跌撞撞地长大

1

那一年，对于高考失败的七夏来说，是特别痛苦的一年。

不理想的成绩，提出分手的男朋友，七夏觉得自己在最美好的时光里留下了很多遗憾。

她没有好好学习，而是整天沉迷在网络游戏中。

她每天化着大浓妆，喝酒、蹦迪，那个时候的她觉得青春就该是那个样子的，敢爱敢恨，敢做别人不敢做的一切事情。

可是当她看到别人都在大学开始新的生活时，她开始后悔了。

但是她并不是后悔没有好好学习，而是遗憾没有遇到一个对的人。

当时她和一个认识不到三个月的人同居了，那年她才十八岁。她以为那就是爱情和生活最好的样子，每天收拾屋子，准备好饭菜，等待心爱的人回家，却忘了在最好的年纪实现自己的价值和梦想。

不到半年，那个人开始厌倦，一切都变得和想象中不一样。

最后的结局依旧逃不过分手。

她觉得付出的一切都不值得。她觉得明明自己要的很少啊，只是需要有人爱、有人陪伴，却不知道生活不能只是依靠他人。

2

19岁的她开始堕落，每天靠酒精麻痹自己，把最爱的长发剪了，整天无所事事。她不知道自己曾经对这个世界保持的热爱和真诚都去了哪里，她现在就是一个自暴自弃的问题少女。

她成了别人眼中的坏女孩，男朋友像换季的衣服一样，换了一个又一个，可是别人不知道，她越来越不快乐。

在某一个下午，她一个人在屋子里看着窗外不断变化的白云，突然觉得限制她的，不是外界的评价，不是周围的环境，不是他人的选择，而是自己的内心。她之所以在爱情中这么失败，并不是她不够美、不够好，而是因为她害怕成长与伤害。她总待在自己的情感舒适区，总想把自己放置在一个安全的地方，然而这导致她总是遭遇伤害，这是一个恶性循环。所以想要真正摆脱迷茫，不仅需要直面现实，更需要直面自己的内心，去突破、去改变自己。

20岁的她，决定重回校园参加高考。

卸掉浓妆、素面朝天，她感受到以前从未有过的自由和快乐。

对于重新开始的生活，她并没有足够的准备。她不知道会遇见什么困难，也不知道自己会不会半途而废，但她并没有忧虑太多。

3

她感觉自己人生的另一种可能性正被开启，并且即将通过她自己的努力被实现。

她决定就算前路艰难孤独，也要坚持下去，因为此刻她拥有了人生中大部分的主动权。

原来当一个人开始认清自我，充满力量地大步向前时，就是内心最自由的时刻。哪怕她知道自己现在一无所有，但是却可以一往无前。

高考后，她考取了自己喜欢的大学，离别时她看到爸爸妈妈温暖的笑脸，庆幸自己明白得不是太晚。她之前从未感受过这个世界真正的温柔，现在却觉得只要自己好好努力，就能够体会生活中珍贵的那些瞬间，内心也会变得更加丰富。

在大学里，她学会了自律和隐忍，那段灰暗的日子让她懂得，现在的自由来自她对生活的重新选择。当我们尊重和适应环境限制的同时，仍然能以积极的心态做出选择，我们就会突破困顿，拥抱属于自己的生活。

4

和好友吃饭的时候，她对我说："如果知道长大会伴随着这么多痛，我情愿永远不要长大。"

说完这句话的时候，她转过头看着窗外，我看着她的侧脸，仿佛看到那一年，我们才十七八岁，很多痛苦都没有经历过。

我们都是如何成长的？

电视剧《生活大爆炸》告诉我们，每个人从某种意义上来说都是所谓的边缘人、渺小者，都会有疑难、挫折，但是和生活的一次次碰撞，会让我们发生一次次的改变和更新。成长是没有尽头的，生活会一直有难题出现，我们就是在一次次的打怪升级中成为更好的自己。

并不是每一个人都会做出惊人的成就，大部分人拼尽全力都只能过普通平凡的生活。我们要做的就是在生活的点滴中寻找生命的意义，让自己的内心变得温润，并且长出一片森林。

我依旧记得多年前老师发下考试卷，我看到上面分数时的复杂心情；也依旧记得在课间抬头看着窗外蓝天白云时对未来充满向往的感觉。

"凡有所学，皆成性格"，你的性格，你的一切，你现在的每个决定，都是由你的经历、你的所学造就的。同样，你现在经历的一切，也将影响你的未来。

成长中的那些所学，不只是课本知识，不是数学题错了又改，语文书背了又背，模拟考试伤心了一次又一次，而是你所经历的一切。它让你找到更好的记忆方法、逻辑变得缜密、抗逆性增强……

5

"生活是一种永恒沉重的努力"，你所面对的不是每一次考试，而是你的人生。人会在失败过的事情里总结经验教训，最后才能蜕变成我们自己。

做得不够好就重做，没能力就锻炼能力。很多人陷入自我怀疑后总是自我催眠，在那个自我安慰的梦境里继续迷茫。有时候我们需要的不是一句暖心的安慰，而是一个让自己清醒的巴掌。只有打破对自己的幻想，正视和接纳自我，不论好坏，不论成败，才是改变和新生的开始。

当我们对真实的自己有足够的了解，我们才可以确定心中的那个理想自我是自己真实想要成为的目标；当你明确了想要成为的那个未来的自己是什么样之后，你会在心中产生一个与之相符合的、清晰的自我认知象征。

6

《银魂》的大概故事情节是：一群天天被生活按在地上摩擦的小人物，一边跟你说："这个世界真的太糟糕了！"一边握紧你的手说："你要努力活着啊！"

有人说《银魂》是告诉成年后梦想幻灭的你如何继续生活。

长大后你会发现，生活多的是你再怎么努力也做不到的事，我们也很难成为了不起的成功人士。但是，这又怎么样，难道平淡的人生，就不值得我们好好过了吗？

那句台词很多人都感同身受："我们这样的普通人光是活下去就已经拼尽全力了啊！"

听起来好像很丧也很绝望，但又充满了道理：一个人最热血的事，莫过于在糟糕的生活里拼尽全力了。

生活就这样起起落落，但是我们不能放弃好好生活。

或许我没那么喜欢这个世界，或许生活给了我们很多考验，但最后，我们也一定会深深爱着温暖的人间烟火。

7

郑秀文在2019世界巡回演唱会首场的最后唱《我们都是这样长大》时，哽咽落泪。

她说："人生来到这个阶段，我经历了很多，人生有很多沉淀，很多的领悟。我选了一首慢歌作为演唱会的主题曲，相信这首歌的歌词触动到很多人，因为在成长过程中，我们每个人都有自己的开心，每个人都有自己的眼泪、自己的经历、自己的歌，但不要紧，我们都是这样长大。"

这些年有太多世事变迁，我们不断地拥有和失去，但是每一次小小的进步和微小的感动之后，我就能看到最初那个简单的自己。

文字对于我的意义，就是让我这个普通的人在普通的人生里因为文字和遇见而一直铭记着初心，并且努力地向前奔跑。

我们就这样勇敢地向前吧，哪怕一路跌跌撞撞。

8

在人生这漫长又短暂的旅途中，有些黑暗的时刻永远需要我们独自去面对。

即使深知未来是未知的，也依旧虔诚地向前，这件事本身就是勇敢的，我们要向内求索，才能让心更加坚定。

因为在未来的岁月里，时间会告诉我们答案。

世界大雨滂沱，没有人为你背负更多

我不知道将去何方，但我已在路上。

——宫崎骏《千与千寻》

1

有个姑娘留言说："小宛，我觉得自己很没用！我25岁了，毕业两年了，却连一个500元的包都买不起。"

看到那条消息的时候，我想起了我刚毕业两年时的样子，买不起200元的口红，衣服超过50元就觉得很贵，不敢大声说话，总觉得自己不值得拥有更好的。

影片《天堂电影院》里有一句话：生活和电影不一样，生活难多了。

生活从来不会因为谁软弱而饶过谁，在这场旋涡里，没有谁的生活有"容易"二字。

之前有新闻报道，体力不支的外卖小哥晕倒在了冰冷的地面上，因为连续14小时的工作他不堪重负。面对上前帮忙的路人，苏醒后的他失声痛哭。外卖小哥拼命赚钱的背后，是债台高筑的家庭，还有躺在病床上的儿子。

他擦干眼泪，还是硬撑着送完了最后一单，因为手里的每一单外卖，都是孩子健康的希望。

2

在车水马龙的街头，80岁的老奶奶因为躲闪不及，发生了车祸，身上多处受伤。警察经询问得知，老奶奶唯一的儿子因病去世，为供孙女读书，80岁的她不得不靠打零工赚取学费。

有人说："这样算来人生里真的有很多艰难的时刻。小学时，我背乘法口诀表，背不出来，家里所有人都睡了，就我一个人坐在客厅背，那个时候觉得人生里没有比这更惨了。后来上高中，每科成绩都不理想，一到考试做题时我也觉得人生中没有比这更痛苦的事情了。后来大学毕业，发愁找不到工作，也觉得自己很差劲。最后来了北京工作，经历了被辞退，我在出租房里哭了很久，觉得很绝望，怀疑自己什么都做不好，觉得人生无望了。最近我换了新工作，常工作到凌晨12点，北京的夜很明亮，而我却像在流浪。"

生活艰难，但日子总要过下去，或许下一刻就是柳暗花明呢？

3

那是一个炎热、压抑、郁闷的午后，有一个女孩在一次家庭会议中，得知了很多关于生活的真相，爸爸妈妈告诉她他们离婚了。她才明白原来那些不可理喻的吵闹并不是最糟糕的，冷战也不是最糟糕的，最糟糕的是她一直坚信不疑的家庭的温暖和依赖，是那样的脆弱。她认识到事情背后的无力、荒谬、可笑、愚蠢，这些一点点毁了她童年的信仰。

第二天她把书包收拾得干干净净，听数学课听得泪流满面。她还有家，但是她以后是一个人了。

可能生活就是这样，当下你承受着从未曾经历过的苦难，觉得那是人生里最艰难的时刻，可是等你熬过了那个时刻，回头看也不觉得那算什么了。

在网上看过一则短片：

一位代驾，将客人送到目的地之后，因为滑板车没电，不能顺利返程。他虽然心急如焚，但是仍然舍不得打车，推着车在夜色中狂奔，汗水不停地流出来。

一位职员，夜晚飞行，所有乘客都呼呼大睡，只有他的电脑还亮着光。突然飞机遇到气流，他慌张地按住把手，屏住呼吸，靠在靠背上紧闭双眼。

一位货车司机，开着车在悬崖边上缓缓前行，身后还躺着他的妻子。突然闹钟响起，妻子醒来起身，问他："该我开了吧？"他撒谎说："还没到时间呢。"

一位老板，因为客户欠款，导致公司资金链断裂。他卖了自己的车，强颜欢笑地将钱分给了所有干活的兄弟。

生活有时真的很苦，好像每个人都是在苦撑，甚至快让人忘了生活的意义，有时候人们恨不得就此放弃。生活很难，但每个人都在努力活下去。

视频的最后，又回归这世间最初的温暖：

代驾很辛苦，但是想到路的尽头有新婚妻子的等待，连奔跑都充满了力量；

加班很辛苦，但是想到家人的笑脸，所有的努力就都有了意义；

创业很辛苦，但为了不辜负所有信任自己的兄弟们的期待，所有的付出都饱含幸福。

我们终其一生，是为了在生活中找到自己的位置，找到属于自己的那一份价值。

4

19岁那年，乔和初恋恋人分手。那段恋情持续了大半年，分手后抑郁和绝望整天整夜包裹着她，让她无法释怀。现在想起来，她都觉得那时的天空是灰暗的。

那时候，她离家出走，花了很多钱去看摇滚乐队晚上的演出，演出结束后她走在没有人的小巷子里，才发现自己带的钱只剩下80元。

她走进了附近一家破旧的小旅馆。50元一夜，房间里甚至还有蟑螂，床上连盖的被子都没有。她去找柜台前的老板询问，老板说："你只有这点钱想要什么样的条件？"她只能脱下外面披着的一件很薄的毛衣当被子。

凌晨时她被冻醒，突然看见床底下一只老鼠盯着她，那个画面像极了动画片里滑稽的一幕。她顿时睡意全无，手里握着因为忘带充电器已经快没电的手机，无意识地又拨了前男友的号码，可是那一端早已把她拉进黑名单。

她瞒着父母离家，又不敢给父母打电话。

那个夜晚成了她记忆中印象最深、最彻底的一次绝望。那种绝望就是，厌倦了一切，但还是离不开，就像她失恋后经常做的一个梦：梦见自己被困在一个黑暗的衣柜中，无论怎样声嘶力竭呼喊，都没有一个人过来，她无法走出衣柜的那扇门。

5

人生短短几十年，有些路总要自己一个人走。

如果不是为了生活，谁又愿意在四下无人的街头痛哭流涕呢？

人生这条路，有时候蓝天白云下会有暴风雨，让你措手不及。

我曾听到一个有意思的定律：苦难守恒定律。

苦难，是人生的基本特征，每个人一辈子吃苦的总量是恒定的。它既不会凭空消失，也不会无故产生。它只会从一个阶段转移到另一个阶段，或者从一种形式转化成另外一种形式。

那些没和别人说出的心事，恰恰藏着最难言的故事；那些独自熬过去的日子，会让你变得更加坚强。

6

如庆山所说："有一些洁白的真相和黑暗的阴影，一起出现，相互衬映。门被打开，通道被呈现，生命因此获得新的提示，得以前行。为之付出的代价，是必须要背负在身上的行囊，它警示你不能停留，但可以在路途中栖息，获取这幸福的光芒。"

每个人都想把人生过成喜剧，却总是在不经意间被生活弄得遍体鳞伤，有些人无论多拼命也不能尽如人意。

大雨滂沱的时候，我们也要勇敢地走出困境，风雨过后，你才能看到彩虹。

我们都在用自己的方式与生活死磕

1

第二份工作离职后，娜娜过得特别艰难。

那是她妈妈病逝的第一年，她选择离开家去了另一个城市打拼，因为她无法忍受每天生活在没有妈妈的家里，也无法面对每天失魂落魄的爸爸。

或许两个心碎的人无法彼此安慰。

她记得那个夏天，常常下雨。

她一个人在那座陌生的城市，失去了至亲，没有工作，也看不到未来。

有时她会在深夜痛哭失声，有时她会一整个下午都躺在床上发呆……

她顶着烈日去新的公司面试，被不停地拒绝和否定。

她无法安慰因为母亲的离开已经崩溃的父亲。

她生病了，自己去医院看急诊。

后来她又搬了两次家，还做了一个小手术，每天只能自己上药。

但她现在回忆起来，已经不记得那段时间的辛苦了，只记得那几场雨，小区门口的桂花树，以及雨后那干净空旷的天空。

虽然现在依旧无法回忆母亲，但她回头想想，那么艰难的日子都能撑过去，所有痛苦的事情也都会成为过去，就感觉没有什么好害怕的了。

2

凌晨的街道人迹寥寥，只留下一地白日熙攘的凌乱垃圾。

但是还有几家烧烤店灯火通明，都说餐饮很赚钱，可又有谁知道，这是他们多少个寂寞的夜晚熬出来的？

凌晨四点半，路的另外一端，卖早点的大姐用手擦拭着自己湿润的脸庞。不知她脸上挂着的是汗水，还是泪水，可是却知道，每天这个时候，她凭借一个人、一个摊位，为家人撑起一片天。

开夜车的出租车师傅，他们把夜晚当成白天一样去工作，哪怕因为睡眠不足脸上的皱纹变得越来越深。可是他们努力奋斗的样子，何尝不是另一种风景呢？

凌晨12点之后，当我们在温暖的房间熟睡的时候，有些人还未停下工作或者已经开始准备工作。

我们都在用自己的方式与生活死磕。

3

我曾看到网上的一段视频，一个小伙子逆向骑车被交警拦下后，接了一个电话。打完电话后，他摔了手机，情绪很崩溃。他说："我疯了，我压力好大，每天加班到十一二点，我女朋友没带钥匙。我真的好烦呀，我其实真的不想这样的，我只是想哭一下……"

人生在世，谁不曾濒临绝望，谁没有咬紧牙关坚持？

在城市的各个角落，有很多不为人知的小故事照亮了用心生活的陌生人。

不管几点都会出现在马路上的外卖小哥，骑着电瓶车穿梭在车流中，只能趁着短暂的红灯间隙，偶尔伏在车把上休息，当红灯一亮，便又瞬间满血复活，飞速离去。

在这个争分夺秒的时代，每个人都步履匆忙，丝毫不敢怠慢。

马路两旁的小道上，环卫工人在认真地打扫街道，中午坐在马路边上吃饭，吃完饭后就铺一张报纸坐在地上休息，但是他们的眼神里依旧充满了对生活的热爱。

4

有一名普通的下岗工人，15年来，养母、妻子、外孙先后卧病在床，生活的打击接踵而至。在他们不太大的房间里，躺着三个瘫痪在床的病人。一年四季，他从来没有睡过一个完整的觉。66岁的他用并不宽厚的肩膀扛起了整个家庭的希望。

他说："为了这个家，我不能倒下。"在平凡的生活里，他用爱与责任照亮了全家人。

他的人生，才是真正的逆流而上。

人间喧嚣，但寻常烟火暖人心。

5

年少的时候，我的生活里只有学习这一件事，误以为每天早起上课、放学做作业已经是天大的辛苦和劳累了。但是长大以后我才发现，比起压在头顶的信用卡账单、繁重的工作、刁钻奇葩的客户、复杂的人际关系，学习的苦又算得了什么呢？

当你环顾四周会发现，成年人的世界各有各的不容易。

只有你自己才知道，有些情绪必须自己默默隐忍。表面上不动声色，实际上已经遍体鳞伤。

有人说："那些悲伤的小事，只不过是一个闸口。压死骆驼的，不是最后一根稻草，而是每一根。但是，崩溃过后，还是要坚持啊，因为没有人为你背负更多。"

每个人都想生来不用受苦，过上锦衣玉食的生活。但是，无法选择的原生家庭、成长中的伤痕、被质疑和误解……很多刻骨铭心的经历大多数人总不可避免地要来一遭。

每个人都想学业有成、意气风发，一路都是平坦顺利的，可是跌跌撞撞、不断地被生活一次次考验才是人生的常态。

我们要做的就是，让自己变得更有竞争力，才不会在那些意料之外的时刻崩溃大哭。

6

我曾看过一个视频，里面讲到四种不同的人生，各有各的苦：

> 堵在望不到尽头的车流中，这是他第11次想要逃离这座城市；
>
> 辛苦赶好的方案，被上司批得一文不值，这是她第7

次想要离职；

一个创始人被合伙人轮番批评、质疑，这是他第26次想解散公司；

和丈夫天天睡在一张床上，却无半点交流，永远是背对着各自玩手机，这是她第33次想要离婚。

他们都在想，或许换个城市，换个工作，换个时机，换个对象，一切就好了。

可是换了，真的会好吗？

我觉得答案未必会让人满意。

7

放弃和逃避，很容易，却不一定让你感到快乐。

熬过去，才能完成蜕变，只有熬过去，才能看到真正属于我们自己的生活。

我们会看到很多心酸的场景，无从得知他们到底背负着什么，又被什么样的现实击败，但是我们都能感受到他们面临的生活的沉重。

那种摆脱不了的困顿、直击心灵的痛苦，都是生活真实的滋味。

现实生活中，谁不是一边承受着生活的锤炼，一边拼命地活着。

我们总会经历低谷，但这恰恰也是我们最不能放弃的时刻。你要满怀希望地等待，生活会以另外一种方式带给你温暖。

人生无常，更要勇敢活着

1

在大学快毕业的时候，某一天半夜醒来，我肚子痛得要命，像是针扎般的痛。

熬到天刚亮，室友送我去医院检查，检查结果是需要做一个小手术。

虽然只是一个小手术，但是对于从小到大从未住过院的我来说，好像天塌下来一样，我的心情沉重得像是被无数石头压着。

手术结束后的恢复期，我依旧闷闷不乐，我觉得我的人生就此改变了。

连医生都说："小姑娘，你这只是一个小手术，又不是什么重病，为什么你看起来这么忧郁，要开心起来呀！"

那个时候的我，满心想的都是为什么是我生病，生命好脆弱。每天我的心情都像是灰暗的天空。

2

其实很小的时候，我就对死亡充满了恐惧，我一遍遍地问自己："死亡到底什么时候会到来，人离开这个世界后会以何种存在？"我的脑子里充斥着这些东西，以至于那段时间，我一点都不快乐，我甚至觉得自己下一秒钟便会死掉。

我记得六岁的我问妈妈："你不会离开我吧？"

妈妈察觉到了我的情绪，她紧紧地抱着我，告诉我死亡并不是那么可怕，我们会活很久。她一遍一遍地告诉我："孩子，妈妈不会离开你的，永远不会的。"

可是我的心里还是一片冰凉。

可能从那个时候开始，我就变成了一个多愁善感的小孩，对这个世界有很多畏惧，很多担心，甚至到了杞人忧天的程度。

我一直试着努力让自己开心起来，每个周末去书店买一些自己喜欢看的书，然后抄写一些自己喜欢的句子。

3

在某一个清晨，我躺在床上看着窗外的天空。初夏，树叶间隐约发出光亮，空气里充斥植物清新的气息。我突然觉得人的生命是如此可贵，只要好好活着，就是上天送给我们的礼物。

这么美好的生活，我为什么总是轻易就被挫折打倒，难道不可以重新开始好好生活吗？

那一瞬间，我心里的乱麻好像突然被解开了。从那个时候开始，"死亡"这个词渐渐变得模糊。我慢慢变成了一个不那么忧愁的姑娘。

手机里存着以前的照片，那些生活中的琐碎被照片定格，我和好友翻看以前的照片大笑。下过雨之后的天空，走了无数遍的街道，植物发芽时的生机勃勃……这一切都令人充满希望，还有和好友一起聊聊过往的瞬间，广场上有灯光璀璨的夜晚，那些无数琐碎而美好时刻汇聚成了我们的过往。

我带着那些片段重新审视自己，才有了今天的自己。

不同时间去到相同的地点，内心是有变化的。改变的不是时间，而是我们自己。

虽然生活还是老样子。有闪闪发亮的时刻，有迷茫痛苦的时刻，但当我此刻看着这座城市凌晨的夜空，我知道我们为什么热爱它，也明白成长真正的意义。

准确地说，是那个一直被压抑的小孩重新成长了一遍，她想要更好地去看看这个世界。那是在之前的很多年，一直没有机会和我面对面认识的，真实的自己。

这不仅是年龄和内心的变化，我觉得更多的是对自我价值的重塑、对人生目标的重新认识、对过去轨迹的自我梳理，以及能否有信心找到我们期待的生活，在还有力气去追寻的时候。

4

虽然生活很多时候并不是我们想象的那样理所当然和一帆风顺，尤其是发生变故之后，会让我们更加觉得世事更加无常，但是生活就是这样呀，我们没有办法逃避，任何事情都需要面对。

生活中，我们太容易受到外界的干扰。

不受他人干扰，勇敢做好自己并不是一件人人都能做到的事。你可以尝试在一个时间段自己安静下来，让头脑中所有的声音安静下来，放弃所有关于是非对错的执着，去认真审视自己。

就如那句话所说："我以前以为苦过后一定是甜，后来发现要看你怎么定义甜。如果我们的苦带来不了现实的甜，至少要保证心里的甜，它的名字叫对得起自己。"

世事无常，哪怕不知何时与这世间告别，也要勇敢地活着。

当你经历过一些伤心和煎熬之后，你会发现，你比你想象的更强大，你会慢慢地成为一个不露声色的大人。时光与你，终会和解。

那些辗转难眠的夜晚，那些暗自哭泣的瞬间，那些明明看不到结果却依旧倔强地坚持着的时刻……我们不允许自己被生活打败，那些记忆也不允许我们放弃。

度过那些最艰难的时刻，你会变得越来越强大，哪怕只能凭借自己的一腔孤勇。

5

曾经爱过的人，走过的路，最后都变成了一段段经历和记忆。

虽然有些悲伤会以另一种方式留在我们心中，但是往事如烟，终会吹散在风中。

身披铠甲，守护自己

等人群散尽

等流言蜚语消失

等一切都结束

你要勇敢地从群山嘴里

夺下所有的回声

——题记

1

我在一档节目中看到一起高中女生遭遇校园霸凌的事件。被霸凌的那个女孩说："我不知道该恨谁。"

她从高中起被校园霸凌，只因为一件很小的事情，没想到人身攻击愈演愈烈，将她卷入旋涡的中心，她一下子成了同学口中的"神女"。没有人愿意和她做朋友，在路上会无端被人拦住扇几十个耳光，昔日好友主动与她划清界限，被逼迫拍了不雅照并被传到网上。因暴力、辱骂和孤立，她曾两次自杀未遂，最终因患抑郁症休学。

她本来以为长大以后那些暴力就会消失，可是，离开校园的她仍然无法摆脱那些莫名的恶意，甚至在结婚生子后，她依然被跟踪和骚扰。

直到她把当年贴吧吧主告上法庭后，那场持续了八年的霸凌终于迎来终结。但是她却很难完全摆脱这个历时八年的噩梦。

密歇根大学的伊森·克罗斯博士做的一项实验表明：当一个人受到语言暴力攻击，他的情绪疼痛在大脑区域反应，和身体疼痛极为相似，神经系统能体验到几乎相同级别的疼痛。也就是说，当父母辱骂自己孩子的时候，孩子情绪上遭受的创伤，和身体受到伤害的疼痛程度不相上下！

2

上初中的时候，我们班里有个单亲家庭的孩子，因为她没有妈妈，平常的衣着也是破破旧旧的，甚至散发着发霉的味道，很多同学都嘲笑她。为了省钱，她自己剪头发，不小心把耳朵上边的头发剪掉了，搞笑的发型更是让她成了全校同学嘲笑的对象。很多外班的同学都在课间跑到我们的教室窗前看她，而且议论说："你看看那个女孩的发型，简直像是头上扣了一个碗，太奇葩了。"

那个时候的她，总是很沉默，但是也总会真诚地对别人微笑。其实她心里真的很苦，也充满了无助。

后来上了高中，我再也没有见过她。我不知道那个女孩现在是什么样子，但是我希望她过得很好。

就像有段话说的那样，人应当越活到后面，越是懂得体谅。体谅别人步履蹒跚，体谅自己天资不足，体谅别人的懦弱，体谅世界的苛刻，并悄悄地在自己心里留一片柔软。何种境地的人生都是千疮百孔的，何必紧抱着揪心的过往，两不相让？

不要对别人有恶意，更不要带有恶意地伤害别人。因为那些恶意造成的伤害，不是一句"对不起"就能化解的。

不再心怀恶意，才是对一个人最好的尊重。

3

有个姑娘在一篇文章里说：

八楼的天台，是初三时我唯一可以透气的地方。

高中的时候，我得罪了一个女生，在她的煽动下，我被班上所有女孩子孤立。那时候我简直一头雾水，不懂自己到底做错了什么，以至那么多人都讨厌我。

冷嘲热讽是日常，还有更多生活上为难我的事情。上体育课的时候，女生做仰卧起坐需要用软垫，她们就在我坐下去的瞬间把垫子抽掉，我"砰"的一下就摔倒在地上。晚上洗澡，她们会把热水阀关掉，我洗着洗着水就变得冰凉。诸如此类的事情太多了。

那时候我已经快高三了，学习压力和人际压力一起砸向我。让我觉得喘不过气，觉得每一个人看我的眼神都像持着刀子一样满怀恶意。

我跟妈妈说想退学或休学，妈妈反而觉得是我没有应对问题的能力，让我遇到问题要面对而不是逃避，不能被这些事情打倒。我又不敢跟老师说，我怕老师知道了指责她们之后，事情只会变得更严重。

那时候，唯一让我觉得舒服的地方，是八楼楼顶的天台。走到顶楼，推开角落里的一扇蓝色小门，我就好像到达了一个没有人可以伤害到我的世界。

4

有个男孩说他从来没有真正感受过真正的"友谊"。

他曾经向身边的同学求助，向一些人倾诉自己的困境。有的人会同情他，但他受到更多的是冷嘲热讽："你太脆弱了！""比起别人，比起我，你所经历的那些算什么？""就这点儿事，你根本就没资格抑郁！"

有一天他在极度的压抑中离开人群，跑到公园里，不断地自言自语。

甚至有一次，他在大脑里虚构了一个人。他和他聊了很多很多，从黄昏直至华灯初上，不断重复着那些没人愿意听的可悲的话语。

心理学家认为，孤独和空虚是由于人们没有获得足够的、令自己满意的社会联结而导致的不舒服的情绪体验。普通的、浅层的联结并不难达成，几乎人人都拥有一些这样的联结。但人们真正难以获得的是深度的、直达灵魂的联结，而深入的对话则是达成这样的联结的必经之路。

校园霸凌，作为暗暗滋长的校园问题，往往被施暴者和旁观者看得云淡风轻，但却会为受害者留下溃烂的伤口，只有经过长期自我心理建设和外界的帮助才能愈合。

5

有人说："这个世界从来都是有经纬度的，它不会因为你的忍让而缩水，也不会因为你的强悍而膨胀。你要内心柔软而有原则，身披铠甲而有温度。"

不要在长大之前，就被那些受过的伤打败。

美国导演伍迪·艾伦曾在一次采访中说："年轻的时候，我认为我肯定能成为伟大的艺术家，但我现在并不是，我有我的局限性。但是你知道，即便你自身有局限性，只要你尽了全力，只要你不出卖自己，不被不值得的东西收买，你仍然可以过上美好的生活。"

"努力成长"不是一句口号，它更多的是一种坚定的信念。

亲爱的孩子们，你们要好好爱护自己的身体，勇敢地成长，独立、自强、坚韧，这些都是值得培养的好的品质。

如若你身边的人陷入黑暗和泥沼，请拉他一把，让他不至于对这个世界感到绝望；如若是你自己陷入泥沼，请一定不要懦弱，要对未来抱有期待，保持内心的光亮，走出黑暗。

你要披好铠甲，保护好自己。

学会独处

1

有个姑娘说，每一次被困在人群里都会感到窒息，都有一种溺水般的感觉，无法享受当下，注意力全在所处的氛围里。大多数时候，她从来没有真正融入过某个集体。

聚在一起的人超过5个人她就开始不自在，超过10个人她就开始不说话。除非大家都很有趣又在同一个频道上，她才会有兴趣听一听别人在说些什么，但她自己的话依旧很少。

随着年纪渐长，她会有种自己已经变得成熟和比较健谈的错觉，但是一旦走进人群里，她就会被一秒打回原形。

她觉得自己的无法融入，其实并不是不合群，或许是有点社交恐惧，但她不想改变。她有非常独立的价值观，她对于自身的评价，不会因为外界的评价而改变。她不会因为外界的赞誉觉得自己更有价值，也不会因为外界的批评觉得自己不好。

她做这样的选择只是希望顺应自己的内心，她寻求的也是唯有自身明白的那个结果。这可能会使她在其他人的评价中显得很自我，但这也是她的选择。

2

一些人活得很潇洒，是因为他们的内心有自己的坚持，在自己的世界里独立地活着。

做人要明白，一个刻意合群的人，往往内心是很孤独的，而一个看似不怎么合群的人，表面看上去很孤独，其实他内心往往更强大。

有一段话说："他们没有在与孤独的对抗中失去目标，而是通过一种强大的想要改变自己的勇气以及行动的力量在孤独中成功突围，并最终锻炼了自己的意志，突破了自己的极限，赢得了面对纷繁复杂的人生舞台的心灵资本。"

不合群的人，或许并不是我们看起来的那样孤僻，而是很有主见，对自己充满自信。他们不会想着去融入别人的圈子，他们更多的是享受内心的那片宁静。

有一句话说：但凡有一丁点儿开心，就担心下一秒会有悲伤来平衡，这就是成年人的快乐。

万物皆寂寥，能够和孤独的自我随时随地相处，你才算真的成为一个"人"而非"众"。

我们都想让自己属于某一个群体，我们也都想快乐地融入某一个群体中，但是因为各种原因，有时候我们不得不独自生长。

此外还有很多研究结果指出，社交网络的迅速发展的确让人变得更加孤独了，但是同时也让我们能够更好地和自己相处。

现代社会心理学家通过对人际交往的跟踪研究发现，人即便在完全独处的状态下，也能感到满足。相反，只有当我们接触社会的数量或亲密程度的质量未能达到预期时，我们才会产生孤独感。

有独处能力的人，不会感到孤独，反而往往更容易感到充实、愉悦和快乐。

有的人恐惧他人的期望，是因为从来没有感受过无条件地被爱和被接纳。这导致他们经常在面对外界的期望时过于敏感，从而很难感受到他人的期望中包含的那些肯定、鼓励和美好的祝愿。

很多人会把别人善意的期望当成是别人在看自己的笑话、别人在嘲讽自己，所以内心充满了抗拒。学会认真感受眼前这个人的初衷和意图吧，也许他的言语里包含了远远超过你想象的善意。

不用为别人的失望感到抱歉，也不必因为满足了别人的期望而洋洋得意，因为那都是别人的喜怒哀乐，不是你的。

想清楚这一点，我们就会少很多焦虑。

4

有人说，最深的孤独不是你孤身一人走在异国他乡的街道上，不是你独自坐在人群熙攘的餐馆里，也不是你什么事都只能自己解决。最深的孤独是，你有很多亲人好友，有感情很好的恋人，他们陪伴你度过了很多岁月，但你猛地发现他们根本不理解你，从未真正理解你的想法和内心。

我们每个人在成长过程中，也许都曾因别人的行为或言论受伤迷茫，深陷自我怀疑的囹圄。但请不要害怕，人这一生是学习如何与自我相处的过程。在自我探索和努力中，那些怀疑都会慢慢消失，对自我的未知，也都会转化为确信、清晰的已知。

心理学家说，那些拥有独处能力的人，能够在精神和情感上"自给自足"，同时也乐于保持与他人的联结、愿意被他人所爱。

因此，那些拥有独处能力的人，不仅不会主动寻求孤独，还会积极地维护人际关系。

当我们拥有了独处的能力，我们也就有了更多生活方式的选择，而不仅仅是依靠外界的评判和环境。

5

我们可以通过修炼，学会更好地和自己相处，它在很多方面都影响着我们的生活质量，这种能力也让我们摆脱对他人的绝对依赖，让我们提升对自己生活的掌控力。

每个人都应该学会科学地独处。在科学的独处中，个人会积极地获得更多的体验，比如通过阅读、独自旅游、冥想等独处方式能加深自我了解，提升创造力、自我恢复能力，实现自我认知、独立思考，提高工作效率。

不合群的人并非远离了这个世界，他们只是有一个属于自己的世界。

当一个人不再为了合群而合群，就会有更多的时间来提升自我。

6

世界上没有真正"奇怪"的人，如果你觉得自己和别人不一样，那只是你没有找到适合自己的频率和方式。

每个人都有一定的从众心理，往往需要别人的肯定，在别人点头的瞬间，才能够确认自己的想法。其实比忍受孤独更难的是，需要忍受那些和自己根本不在一个频率上的人。

与其想着成为大众眼中的自己，倒不如想着做更加真实的自己。当你有更多的精力去反省自己，你的人生和节奏就都能够自己把握。

每个人都很忙，我们没有那么多观众，别人更不可能随时随地都在关注你在做什么，那你又何必时时刻刻都在意别人的想法呢?

每个人都有选择自己人生的权利，合群不是统一规则，而你要学会如何对自己负责。

愿你度过黑夜，活着就是希望

1

楠楠说："有时候总想逃离现实，总觉得一切都不如意。"

然后她用胳膊抱住自己，闭上眼睛时，又会想到父母，然后用力摇摇头，打消了那个念头。

弗洛伊德在《抑制、症状与焦虑》一书中指出：所有的焦虑都来源于冲突。

前段时间，朋友说他们小区里有一位2岁孩子的妈妈因为产后抑郁跳楼自杀了。

其实很多产后妈妈身上有好多的重担，她们都想兼顾孩子、婚姻、事业。

不管是哪一方的失败都会让她们受到沉重的打击，会觉得自己没用，觉得自己不值得被爱。

拼命想要做好一切，可是有时候却是一团糟。

一个男孩这样说道："最抑郁、最抑郁的时候，盯着天花板看一天，等到晚上，再睡过去……"

还有一位短发女孩，她的抑郁症至今都没有完全好起来。

"就好像谁拽着我的心肝，把它给挤出了水，我就开始哭。那天晚上我一直没有睡着，从第二天开始，我就好像什么都没有了。我什么都感觉不到了……"

曾患抑郁症的作家Andrew Solomon在TED演讲中回忆起自己患上抑郁症时的感受："有一天，我突然发现，我对所有的事情都失去了兴趣。那些我曾经非常热衷的事情，现在我却根本不想做……我回到家，看到电话答录机上的留言灯在闪，我不但不会因为听到朋友们的声音而感到兴奋，反而会想怎么有这么多人等我回电话；有时该吃午饭了，我却开始想，我还得把食物拿出来放到盘子里，得切，得嚼，得咽，那真的让我很难受……"

2

关漓患上了产后抑郁症。

生完孩子的关漓并不知道自己生病了，当孩子快三岁时，她发现自己控制不了脾气。她会对孩子大吼，甚至动手打她，之后又陷入无穷无尽的自责。

那样的情况持续了一阵子，她跟自己说得最多的话是："你根本不配当一个妈妈。"

后来，她似乎找到了解决的办法。当她无法控制暴怒的时候，她就跟女儿说："对不起，妈妈现在去洗手间冷静一下。"关漓在镜子前掐自己的手臂，留下深深浅浅的淤青。

她觉得只要等她平静之后出来，就可以对孩子微笑了。

但是事情并非她想象得那么简单，后来她没办法做很多事，包括工作、做家务、陪伴孩子。她要把每一件事详细地记录下来，才能勉强完成一点。比方说，送孩子上学回来的路上去超市买菜、坐公交车回家后把水池里的碗洗掉、把衣服放进洗衣机、晾衣服……

她在记录时，每个字写得都很用力。字歪斜着，十分难看，因为她的手常常发抖，根本写不好。

之后的症状并没有减轻，反而逐渐严重了起来。

有几次她甚至试图自杀。直到她去看了医生，才知道自己真的生病了。

3

电影《坏妈妈》中，女主角艾米说：

我的日常就是送孩子们上学。通常，我要急忙赶到学校，接孩子上表演班、诗歌阅读班和课外辅导班。

　　接下来我还得去家长委员会开会，当志愿者，参加班主任约谈会。我每天会崩溃七哭，哭完了还得送孩子去练钢琴、踢足球、学舞蹈、看医生……

　　她紧张地照顾着孩子们，不敢有丝毫放松，同时还要尽心尽职地工作，连午餐都只敢在电脑前面吃。

　　她最大的梦想就是安安静静吃顿早饭，可是她每天只顾得上把所有事都处理妥当。

　　没想到，即使这样，她还是总迟到，还是离婚了，还是不被孩子理解。

　　当某天一连串糟糕的事情发生时，她终于崩溃，此时才真正意识到，她从没好好照顾过自己。

　　如同她一定要把所有事都做得尽善尽美后，才敢安静地吃早餐。

4

　　有时候让我们压抑的不是生活，而是我们心里的那个自定义的标准。

我们总是强迫自己做很多事情，当那些事情都完成的时候，我们才能真正放松下来。这导致我们的神经总是绷得很紧。

一位高考状元在一次自杀未遂后说："我感觉自己在一个四分五裂的小岛上，不知道自己在干什么，要得到什么样的东西，时不时感到恐惧。19年来，我从来没有为自己活过，也从来没有活过。"

一位精神科医生做过一个统计，某所名牌大学一年级的新生，包括本科生和研究生，其中有30.4%的学生厌恶学习，或者认为学习没有意义，这是高考战场上，从千军万马中杀出来的赢家。还有40.4%的学生认为人生没有意义，现在活着只是在按照别人的期望活下去而已，其中最极端的就是放弃自己的学生。

他们总是在纠结人为什么要活着，人生的意义是什么，对于我们来说最重要的东西是什么。

而他们也一直找不到答案。

5

有个女孩说，她曾经患有重度抑郁症。那段经历最让她痛苦，却也塑造了她，给了她人生中深刻的体验。

生病的那段日子，她在每晚都做同一个梦，梦见自己在无尽的黑暗中寻找家，就像她的内心一样，无助、黑暗，看不到一点光明。有一天她从梦中醒来，哭了很久很久，哭完之后想要自救，决定接受心理治疗。

现在已经过去很多年，通过咨询师的帮助，她终于一点一点把压抑和愤怒宣泄出来了。令她自豪的是，这些年，无论多么痛苦，她都没有想过放弃自己。她依然渴望被爱，依然有能力爱人。

她坚持每天跑步，快发病的时候，就找朋友聊天，转移注意力。她的两只猫咪也陪伴她度过了无数个黑暗时刻。后来，她进一步尝试自我整合，去学习系统的心理学知识，慢慢培养对他人的情绪感知，提升自己的同理心和共情力。

正是那段抑郁的经历，给她磨砺也让她懂得如何去珍视生命。

她不光拥有了对活着的坚持和勇气，还能用自己的力量去影响和帮助别人。

她说："我爱我能度过黑夜，还能散播光明。"

6

知乎上有个问题：抑郁症的表现有什么？

最高赞的评论不是症状的描述，也不是学术的解释，而是一句简单的自述："没人觉得我病了，他们只是觉得我想太多了。"

抑郁症这个病最难的就是，有时不被理解。

大家持有的态度是，要么觉得你是作的，要指责你；要么觉得你是精神病患者，要远离你。

其实这两种态度都很残忍。

四川阆中，有一个年轻女孩子计划跳河自杀。她在那天泪流满面地坐上了一辆出租车，叫司机开去河边。就在她即将沉没在江水中时，突然有一个人用力把她从江水中拖拽了出来。

这个人就是载着她去江边的出租车司机，他从看到她泪流满面地上车起，就感觉她不对劲，一直注意着她的一举一动。她觉得这个世界了无牵挂，不如一死了之，但是生活让她感到窒息的时候，有个陌生人倾尽全力救了她。

7

生活偶尔让你充满了痛苦和绝望，但当你感到无助想结束一切的时候，记得回头看看，背后有很多关心你的人，愿意拉你一把。

余华的《活着》结尾是这样写的："我知道黄昏正在转瞬

即逝，黑夜从天而降了。我看到广阔的土地袒露着结实的胸膛，那是召唤的姿态，就像女人召唤着她们的儿女，土地召唤着黑夜来临。"

一定要好好活着。

因为活着，就有希望。

PART 5

拾起生活的美好，把日子过成诗

接纳每一分钟，你就是最好的风景

1

戴上耳机听歌，听到这首歌《你曾是少年》：

> 许多年前，你有一双清澈的双眼，奔跑起来，像是一道春天的闪电，想看遍这世界，去最遥远的远方。

我们就是这样在时光的火车站不停地出发、到站、出发……我们总是很容易被时光所困，我们也曾羡慕山南海北的风。我们的心啊，总是想着诗和远方，流连于广袤无际的海面和森林。

所以当有人跟我说"我感觉自己老了，真的怀念读书那会儿的自己"或"世上无难事，只要肯放弃"，我总会想到那只被称为"猪坚强"的猪。在地震中，这只小猪在废墟中靠吃木炭饮雨水存活了36天才获救。

猪都这么坚强，我们为什么不能勇敢一些？

谁没经历过那些人生的低谷呢？一个姑娘说，在北京漂着，有时候会突然想要放弃，老家的哥哥对她说："回来吧，你心浮躁了，你忘了你是谁。天安门和你有关系吗？你旁边的万达和你有关系吗？你在那永远没有家，你只是看到了北京的幻想。"她每天上班披星戴月、昼伏夜出……

这个城市是怎样的繁华，或许我们从未真正享受过。

2

在我们的双眼还没有见识到更大的世界之前，请再坚持一下。

我想起《爱乐之城》那部电影。爱乐之城，首先是一封写给洛杉矶的情书，也是写给所有我们热爱并奋斗、生活在其中的大城市。

影片中的男主角，是一个穷困潦倒的音乐人，在最落魄的时候连汽车保险都买不起，连给公寓换门锁的钱都出不起，他最大的梦想是开一家自己的爵士酒吧。女主角则是一个长相平平、家世清白、接不到戏的新人女演员，平时为了维持生计在咖啡馆做女招待。她每次去试镜，每次都被毫不留情地刷了下去，有时甚至刚开始说两个字就被叫停。最绝望的时候，她甚至失去了去试镜的勇气。

后来男女主角恋爱了，两个人一起去男主角喜欢的爵士酒吧跳舞，他在咖啡厅等她下班，所有的幸福都来得丰盈、充实。

后来，他们都获得了他们想要的成功，可是为了那份成功，他们都付出了爱情的代价。有人说，这部电影也是一封告别信，写给人生中所有的遗憾、所有的不完美、所有不得不放弃和无奈错过的人。

梦想和爱，我们生活中永恒的主题。

朋友L最近升职加薪，她终于努力到自己一直想要的那个岗位。

高中时她父母离异，读大学的时候她就开始边读书边打工，我们都说她是独立小超人。她也总是在朋友圈晒出美美的照片，可是我知道，她的光鲜靓丽的背后每一步都走得很辛苦。有一天她和我聊天，她说："凌晨5点火车驶入火车站，我拖着疲惫的身躯和一颗破碎的心随着人流走出了车站。零星的雨点打在我身上，我不争气的爸爸病了，我度过了人生中最漫长的两天三晚。爸爸没有责任心，没有工作，没有积蓄，一屁股债。三十而立的我，婚姻生活并不幸福，在家带孩子两年多刚出来工作，一切都没有步入正轨，老公既不细心也不关心人，所有家里家外的压力使我倍感无助。而我又不得不告诉自己，理清思绪，一件一件来，外部任何的干扰都会让我更坚强。"

千难万险的路上，我们都曾以为自己孤身一人，但其实强烈的阳光下衬着的，是一样的不曾放弃前行的心。

3

虽然有时候，我们总是容易迷茫和焦躁，可心里头，却是想要一鼓作气向前努力，可现实总是再而衰，三而竭。与其如此，不如就用心承受。因为，生活坏到一定程度无法再坏，就一定会越来越好。

其实幸福很简单，只是它有很多种样子。

有个姑娘，在好几个月的时间里，每当她感到当下很幸福，她都会记录下来：在车门关上之前最后一秒上车是幸福的；不加班是幸福的；几天没吃肉突然吃到肉是幸福的。生活中有太多太多闪闪发光的幸福时刻的碎片，需要我们自己用心拾捡和收藏。

世界只有一个，也就是你当下活着的每一分钟，就是此刻这一分钟，而唯一的生命之道，就是接纳每一分钟，将视之为独一无二的时刻。

4

真正的成功，在你的泪水和汗水融合之下，在你内心最坚强的地方。

你是你自己，哪怕在最初最累的时候，哪怕在最光鲜最耀眼的地方。

你一个人的勇敢，胜过千军万马。

时光总是会给我们奖励，给我们很多故事，那些故事像我们人生这本书上的插画一样，渲染了我们人生的美丽。

我们必须承认，努力的过程真的很辛苦，并不是所有幸福的终点都是安静的，就像一场马拉松的终点，可能过程很累，当你感觉自己要放弃时，你周围有鼓励、有掌声，所以你能坚持到最后，哪怕在冲刺的那一刻，腿已经沉得迈不动脚步，但是你心里有个声音告诉你，终点就是最大的爆发。

虽然有时候你觉得自己平凡得像是一粒微尘，除了年少轻狂一无所有，但对于你来说自己就是上天最好的作品。

这时候，懂得取悦自己比什么都重要。那些处于人生低谷的人们，请你咬牙坚持一下。生命之中，这些时刻因为你的坚强而变得更有意义。

朱德庸说："看清楚这个世界，并不能让这个世界变得更好，但可能你看清楚这个世界是个怎样的世界后，会把自己变得比较好。"

"我们都得一步一步成为更好的自己，就像是一个台阶一个台阶地往上走，总会走到你想看到的风景面前。"

不要总做别人生活的观望者，你自己就是最好的风景。

时光让我们学会无惧风雨，所向披靡

1

后来我回想那些瞬间，和那么多彻夜难眠的纠结，好像感受到的不是当时的痛苦，而是经历过苦痛之后勇敢，时光让我们学会无惧风雨，所向披靡。

这是我看到苏易发在朋友圈的一段话。

嗯，当年的苏易真的是个有个性的女孩。

记忆中的她，瘦瘦小小，但是身上好像蕴藏着巨大的能量。

高中时，苏易就以敢说敢做而出名。

她的大胆是出了名的，老师讲课的某一处观点和她的理解不同，她会立即提出，而且讲出自己的理由。不论做什么事，她都有一股不服输的劲儿。

那时我们都觉得，这个丫头够厉害。

很长一段时间，她都独来独往，因为与众不同的个性而遭到同学们的各种议论。

后来她迷上了写诗，文笔也特别好，看着她一篇篇发表出来的文章，让人感觉她骨子里那种劲头无人可敌。

大学毕业后，苏易迷上了国学，开办了自己的书院，热衷于读书、写字、教书。因为有几年画画的功底，所以苏易对国学的理解更为深入。

内心有梦从未停止，她从不对生活妥协。

梦想的确是人生最有力的加油站，虽然有时候她凌晨四点才休息，只为让一个讲座方案更完善，也会带着孩子为各项读书活动奔走忙碌，直到孩子在车里睡着才结束一天的行程。

她说："任何觉得不适的境地都是一个觉醒和提升的机会。我完全接受命运的安排，我不抗拒，我愿自己坦然明媚地应对，我相信自己永远活在爱与光明中。一切都是最好的安排，只需等待，一切都会好……"

我见过很多变得越来越好的姑娘，并不是她们多么富有、多么美，而是她们的心，一直都是纯净的。

2

有人提问说："截至目前你生命中最好的那一天，发生了什么事情？"

有人回答："生命中最好的那一天啊，闹铃响起的时候我刚好也睡醒了，精神饱满地按下闹铃起床穿衣，妈妈做了我爱吃的早点，牛奶的温度刚刚好，就在喝完的一刹那，我看到了清晨的太阳和火红的朝霞。骑着车子去上学，路上听了我最喜欢的吉他曲，经过的十字路口恰好都是绿灯。

"放学时，三五好友相伴而行；回家后，小狗第一时间跑来迎接我；爸爸切好水果问我今天开不开心，这些事情好像平凡得不值一提，可是人生里能有几个这样平凡里浸满了幸福的日子呢？"

我们总是想要充当夸父追日的英雄角色，却忘了平凡才是我们最真实的存在。我们应该像范仲淹那样"不以物喜，不以己悲"，然后，专注我们自己有滋有味的小生活。

有一个女孩子，曾经给我讲过她的故事。

她说："喜欢了一个人三年，自己在他面前完全低到尘埃里，可是开出的只是带刺的仙人球，好像完全失去了自我，小时候刮奖刮出'谢'字还不扔，非要把'谢谢惠顾'都刮得干干净净才舍得放手，和后来太多的事一模一样。"

"我觉得总有一天他会喜欢上我,可是无论多努力,他总是对我视而不见,我是不是该放弃?"

我回复:"如果一段感情不被对方在意,那就不要浪费时间,事后想想,觉得有些爱即使没有结果,至少我们在动心的那一刻,是真的。"

3

记得三年前,我和几位前辈去一个大学给同学们讲写作。互动提问环节时,一个姑娘举手问我:"怎么样和自己喜欢的人表白?"当时在场的同学哈哈大笑,我也只是很官方地回答:"勇敢去表白,不要怕被拒绝。"

可是三年后当我再想到这个问题的时候,我会告诉她:"当你变得更优秀,变得更勇敢,成为更好的自己时,你就可以去表白,哪怕被拒绝,也不会有遗憾。"

当你变得更好时,可能考虑的就不是表不表白的问题,到时会有更加合适的人出现在你面前,等待着你的选择。

一个人的格局和气质很重要,当你把自己的格局放大,你会发现你看事物的角度也会不同,永远不要逼着自己前行,而是主动学会接纳这个世界。当你的心胸开阔了,你会发现,即使跌倒，你也会在休息好了爬起来继续前行。

有时候，我也会讨厌这个功利的社会。

它让很多人都活得太用力，恨不得今天就把明天和后天的所有的事情都做完，人们的脚步太快，快得完全没有时间去看周围的风景。越来越快的生活节奏让人们的幸福感陷入了危机，在一些人的价值观中慢下来生活就变成了太懒惰。

年轻的孩子们在期待成功的时候，并不知道，这些成功，其实已经被他们忽略了过程。

有人说："三十岁后，相由薪生。"这个"相"，不仅是指你的容貌，还是你整个人的精神面貌和生活态度。这个"薪"，不仅是指你的工资，还指你对金钱的考衡和对赚钱的把握。你有娇俏的容颜，有不怯场的外表，有一颗没有被世俗打败的心，才更有柔情和力量去面对生活中的鸡飞狗跳，才不会被功利又赤裸裸的现实打败。

趁年轻，做一切你喜欢做的事情

1

萌萌说自己是一个脸如同烙饼一样大的胖女孩，她是性格开朗、爱纠结的天秤座。

她总觉得她跟别人不一样，自己好像有很多特异功能，她问我"自带亲切算吗"？然后哈哈大笑。

其实在我看来，萌萌的脸一点都不大，可能现在的女孩对自己的要求太高，总觉得自己很胖，可是我看到的萌萌分明是个能量满满的阳光美少女。

她自认为自己是一个奇怪的人，说不上来为什么但就是觉得自己"与众不同"，她愿意尝试新鲜的事物，愿意结交更多的朋友，她喜欢一切美丽与智慧的东西。

一直以来，因为她的妈妈爱美，萌萌从小就是穿着很潮的小孩子。上学的时候，老师和同学们都很喜欢她，她机灵勤快，胆大外向，成绩好还多才多艺。

所以萌萌一直感觉自己就是一个活在"光环"下的"小公举"。

可是后来，萌萌的家庭遭遇了一些变故，以至于到后来很长的一段时间里，她仿佛陷入了一场噩梦，没有了方向。

萌萌说："别人都是从丑小鸭蜕变为白天鹅的，而我却是从自信到自卑，真的很可怕。小时候我感觉自己是个公主，被大家赏识、认可、喜欢，可是慢慢地，所有的一切都变了。"她所遭遇的事让她不得不重新审视自己。

虽然经历了很多变故，但是长大后的萌萌还是遇到了属于自己的爱情。

认识他是一个偶然的机会，他是萌萌的学长，他们因在一个学习班学习而相识，一帮朋友经常帮他出谋划策追求他心仪的那个女孩，他也很大方，时常请萌萌他们喝奶茶。

慢慢相处下来，萌萌觉得这个个子高高的、眼睛小小的足球迷是个好人，人格魅力也是满分，对人也很真诚。那段日子真的是青春有朝气呀，他们在教室停电时一起听鬼故事、一起翘课去捉迷藏、一起打游戏吃串儿、一起谈天谈地谈人生。

某一天，他问萌萌借手机，说要用一下，萌萌也没多想，原来他是想偷偷要萌萌的电话号码。回到家正要睡觉时，他打来了电话，就这样他们开始了青春期懵懂的暧昧。

萌萌觉得那就是爱情最美好的样子了吧。可是美好的日子为了证明它的珍贵，总是短得猝不及防。

那一段时间，他突然失去了联系。萌萌并不知道发生了什么，而她也是个不愿主动的人，但其实心思细腻的她早已如坐针毡，可是她依旧不愿意多问。因为她明白，爱你的人从来都不会忽冷忽热，让你苦苦等待，她一点儿也不想自欺欺人。直到某一天听朋友说起，原来他和当时追求他的女孩在一起了。他生病住了院，做了手术，那个女孩去照顾他了，他们就在一起了。

就在萌萌原本以为他就这样离开自己的生活时，上天又开了一个玩笑，没想到他因为一些原因留级了，跟萌萌一届，于是他们之间又开始了纠缠。

萌萌说："你看，爱情就是要让你遍体鳞伤，可你还要笑着逞强。"

2

后来的他们在一起做过很多事情，一起旅行，一起做饭，一起看电影，一起骑行，一起做蛋糕，一起牵手散步。

萌萌也时常在球场看他踢球，为他加油呐喊，为他拍下每一个进球的瞬间。

但尽管如此，结局还是依然无法改变，分开，相聚，分开，相聚，不断重蹈覆辙。

就像陈奕迅的《你会不会》里的那句歌词一样："我们约会，我们再会，没想到再没有拥抱的机会。我们伤悲，我们流泪，也只能流落到陌生人的嘴……"

他们分手的那天，萌萌尽力控制自己的情绪，努力不让自己在他面前流泪，她决绝地说再见后，转身的一瞬间，心痛伴随着失控的眼泪，像开了的水龙头不断涌出。那一晚上她坐在湖边哭了很久，也想了很多。整整五年，对于这段感情萌萌付出了很多，下雨天送伞，生病送药，打球送水……恨不得为他倾尽所有。她无怨无悔地付出，在那段感情里她变得不再像自己，结束这段感情的她没有了自信，了无生趣，糟糕透了。

后来的四年，萌萌的朋友圈里也总能看到他的影子，也曾有几次偶然遇到，但萌萌都躲了起来。

她觉得自己不再勇敢了。他们相识的这十年里，他没有一刻不活在萌萌的心底。每去一个地方萌萌总会匿名给他邮寄明信片，也不知道他是否收到过，倘若收了他会不会想到是这个傻女孩，平日里萌萌还总会把想对他说的话写在他们当时的情侣空间里。

但是如今的萌萌只想把这份感情偷偷放在心里，因为萌萌知道他不再是自己需要的那个人了，她想要有人能读懂她的逞强，看穿她的伪装，呵护她保护她。萌萌在心里悄悄地对那个男孩说："愿我们再不相见，也愿我们不负此生。"

我刚认识萌萌的时候，如果单纯从外表状态来看，我根本看不出萌萌之前的生活状态，只觉得她是一个很阳光、很单纯的女孩。

其实要强的萌萌曾经摆过地摊，做过代购，倒腾过很多小买卖，也在企业里打拼过，经历可以说是丰富……

可能正是因为有这么多人生经历，才让这个姑娘的内心变得更加强大。

萌萌开玩笑地说："我其实活得很累，工作中我总是很要强，谁说女子不如男，我就想把男孩子比下去，把工作干得出色，我觉得咱们女人一点不比他们男人差。哪怕是扛水、扛煤、扛大米我也照样做得到，工作里的苦和乐，只有自己知道。原来我的头发是茂盛的大草场，现在成了三毛流浪记中的三毛，发际线明显后移，发福发胖，日子过得有些小颓废，但我依然觉得自己还是一个可爱而美丽的女孩，虽然头发秃了点，脸大了几圈，但我依旧值得被爱。生活的打压或许会让我难过，也会让我有过放弃的打算，但是如果你没有足够勇气放弃，那就一定要好好地坚持下去。"

我知道这个爱跳舞、爱唱歌、爱一切美好的事物，也曾弹琴、画画、弹吉他的美丽姑娘，我觉得这样的姑娘一定不会被现实打败。一定还会找到自己的那片天空，找到那个对的人。

3

趁年轻，做一切你喜欢做的事情。因为年轻的时候，我们拥有一往无前的勇气和一腔热血，最重要的是，敢于活出自己。

生活就是不断地去追逐我们喜欢的事情。

如果你为人生画出了五彩斑斓的色彩，那么你也会跨越自己的人生极限。

在追寻梦想的旅途中，失败不要紧，重要的是带着一颗坚定的心去跨越一切逆境。

强者遇挫越勇，弱者逢败弥伤。我们能做什么？靠的不仅是双手，还有智慧，勤劳砥砺品性，态度决定未来。如果你有梦想，请为之付出努力。

趁年轻，趁阳光正好、微风正熏，走出去，看一看，有些路只有走下去，才能看到我们从来不曾看到过的风景。

去尝试才是真正属于自己的体验

1

那个在朋友圈发自己骑着摩托在沙漠里飞驰照片的姑娘，就坐在我面前。

苏苏说："姐，上学的时候去游乐场玩，别人不敢玩的项目我都喜欢，很多别人不敢挑战的，我也都想尝试。生活中也是，好多有趣的地方有趣的事，我都想要去看一看体验一下。"

有人说："好看的外表千篇一律，有趣的灵魂万里挑一。"

苏苏就是那个万里挑一有趣的姑娘。

平常的她喜欢素颜，有时候着急忙慌的连脸都会忘了洗，但是哪怕是素颜或者几天没洗头她都是自信满满，能量焕发。一句话就能把人逗得哈哈大笑，没有谁能阻挡她快乐的心情。她就是自带"快乐"的气场。

苏苏曾是校园女生排球队的成员，她和我说起她们当时训练的场景，每天早晨五点开始训练，迟到一分钟都会被教练罚绕着操场跑无数圈，所以每天雷打不动的早起和高强度的训练，导致苏苏极度缺乏睡眠，也造就了她在课堂上站着都能睡着，一闭眼再一睁眼就过去好几个小时的神话……

其实，上学的时候，苏苏并不是一个爱学习的乖孩子。

她在考试的时候，做完自己会的题就开始睡觉，像动画片里的懒羊羊一样。

她在校园里总爱打抱不平，替受了欺负的同学出气。

那个时候的她觉得自己更像是一个在江湖行侠仗义的大侠。后来上了大学，苏苏认识了很多朋友，可能也是随着年龄的增长，苏苏慢慢懂得了生活真正的意义。

她去旅行，去运动，去结识有趣的朋友，去考摩托车的驾照，平时总是一副乐天派的样子。

她说她不是没有烦恼，只是在记忆中把那些烦恼都筛掉了。我们的人生一共就这么多天，一定要把每一天过得有意思。等老了回忆起来，依然会被逗笑，那大概就是人一生最成功的事情了。

请联想一下老太太笑掉大牙的情形，是不是也十分可爱……

其实我们想要尝试的每件事情，都是为了在生活中找到更多乐趣。

2

李美萍是澳大利亚某个时尚品牌中国区域的CEO。

每天早晨醒来她都会问自己一句："What can I do better today？（今天如何变更好？）"

一早醒来会考虑这个问题是因为她觉得，不论多成功，我们仍需要有施展才华、提升自我的空间，这样才可以不断提升工作效率，做出更好的产品。如果你或你的部属只是沉浸在现有的光环中，思想就会固化，比如认定"把潜力发挥到极致了"。一旦这么想，大家做事的动力就会减少。

对于她和她经营的公司来说，有太多事情等着她做，比如，给不同的部门做培训、建立企业运营系统、设定管理结构、积淀文化内涵、做好财政控管以及客户沟通等。

她说自己是"好奇宝贝"，对很多领域都极有兴趣，很愿意去尝试，阅读、听广播、开拓新的旅游阵地、跟不同的人见面等等。

去尝试才是真正属于自己的体验，这是拓宽知识面、刺激灵感最好的方法。

3

俞敏洪曾经说过："我们人的生活方式有两种，有些人选择做一棵小草，可以吸收阳光雨露，但永远长不大；有些人选择做一棵树，像树一样成长，活着可以成为美丽的风景，死了还可以成为栋梁之材。"

有人说："你做PPT时，阿拉斯加的鳕鱼正跃出水面；你看报表时，梅里雪山的金丝猴刚好爬上树尖；你挤进地铁时，西藏的山鹰一直盘旋云端；你在会议中吵架时，尼泊尔的背包客一起端起酒杯坐在火堆旁。有一些穿高跟鞋走不到的路，有一些喷着香水闻不到的空气，有一些在写字楼里永远遇不见的人。"

或许此刻的你也如此，一个人在陌生的城市打拼，举目无亲，孤苦伶仃，好友不在身边，同事也只是点头之交。

你可能会很疲惫地回到那个没有温暖的住所。

你可能周末没人陪，加班到很晚。

有时候，你会厌倦自己的生活。

……

我们想成为什么样的人，想过什么样的生活，最开始都是从我们这颗心开始的。没有梦想的青春不叫青春，梦想是青春的第一层要义，勇于尝试，才有机会成为可能。

内心的信念将会是你坚持的力量源泉

1

杨莹莹读大学时，强迫自己报了一个大学英语四级的课外辅导班。可那些课堂对于她这个连四级是什么都不知道的人来讲，简直是生不如死，更别说六级、托业考试。

她觉得需要一个外教来练习听力，她教对方中文，对方教她英文。但是去哪儿找外教呢？她想来想去，终于想出来一个好主意：就是采访外教楼里的每一个外国人，看是否可以结成伙伴来互相学习语言。

于是，她拟定了一个看上去很靠谱的采访提纲，准备好录音笔和采访说明书，发放到外教楼的每个小房间中去。很快，有七八个外国人答应了她的采访邀请。采访的过程有各种曲折，她问了很多很幼稚的问题，也遇到了很多不同的外国人，他们请她听他们国家的音乐，跟她合影，给她做他们国家的美食。一时间，她成了外教楼的常客。

很快，她和Colin成了互助学习伙伴。他们约定每天早晨6点见面，一起跑步去学校门口吃早餐，再一起去外教楼的天台上安静学习到7点半，再分别去上课。东北寒冬的早晨，本来约定早晨6点钟见面，但是他们每次都好像要为国争光似的，一直比拼谁起得早。

在天台上，望着寒冬里虽是清晨但仍黑压压的天空和静谧的校园，她不知道她的未来会不会因为现在每一天的努力而有所改变，可是她想要努力拼一下。她知道她不能像自己的同学那样，尽情地恋爱，无拘无束地吃喝玩乐，没事儿就逛个街约个会什么的，她不想做一分钟与未来无关的事情。

她说："如果我觉得自己的高考是失常的、失败的，那就要让自己用所有的努力来证明自己不是那个分数所代表的水平。"

她的英文水平在那个寒冬得到了突飞猛进的飞跃，并且后来顺利通过托业考试和六级考试。

2

很喜欢一个词"效率管理"，我相信很多人都看过张萌的"1000天小树林计划"。

张萌从浙大退学后，考入北师大英文系，一入学就发现自己的英语水平远远落后于同学。入学第一天老师对他们进行摸底考试，她是英语专业的，一共120人，她清楚地记得她是考了第87名，回到宿舍里她觉得非常丢脸。

她觉得自己不能成为差生，这很没面子，她就做了个疯狂的决定，她要做一个"1000天的小树林计划"。在小树林里，无论你英语读得怎么烂，你在里面读，别人都不知道你是谁。所以她每天早上五点都到这个小树林阅读英语，大声朗读，每天坚持3—5个小时，读到早上8点或10点。但是冬天的时候比较难熬，待一段时间后她回到教室里，全身能活动的只有大脑，其他的地方就像被冻住了一样。到125天的时候她坚持不下去了，她正要退出时，期末考试就来了，她考了第一名。这对她的激励很大，从此她再没有想过放弃，直到2008年她参加了北京的未来之声全国英语比赛，她获得了全国第一名。

3

"1000天小树林计划"改变了张萌，让她的人生变得更有规划。

她说："对自己负责就是要对时间负责。从时间维度上，知识可以分为输入和输出。我们要从输入端构建知识结构，而知识技能来源于四类场景——阅读、以人为师计划、课程与会议以及行走的力量。通过这些输入，实现正确输出的三种能力——写作、演讲及实践能力。这是这个时代最容易改变自己人生的能力。"

她连续26年，坚持每3—5年训练一项"硬本领"：连续24年坚持记日记，每日自省；连续18年坚持每天早上5点起床，开始读书学习；连续16年坚持使用效率手册，规划自己的时间；连续10年坚持在旅行中学习和思考，行走了40多个国家；连续6年坚持每年出版1本书；连续4年坚持带领2个团队创业，每年演讲100场以上；连续3年坚持以人为师计划，每年向50个人物学习……

我看到过一个外国男士一年又三个月减重136公斤的视频。

这位外国男士在年满四十岁的时候开始反思自己的人生，他决定开始减肥，因为一年前他的体重就已经突破226公斤大关。接下来，他跟着教学视频开始锻炼身体，但可惜并无明显成效，反而把自己累瘫在椅子上。但他没有放弃，一直坚持锻炼，一直到第390天，他成功地从一个胖子变得帅气、精神而活力十足。

他说："我明白我虽然无法做到影片中的每个动作，但我已经迈出了很不简单的第一步。有些人觉得这样很蠢，但你不试试怎么知道呢？"

当你看不清未来的时候，你要告诉自己：现在的每一天，我都要好好坚持下去。总有一天，你会看到你想要看到的变化。

当你看不清未来的时候，你要告诉自己：现在的每一天，我都要好好坚持下去。总有一天，你会看到你想要看到的变化。

4

所有的事都需要千千万万次积累才能从量变到质变。

不管现在的你是如何的，坚信坚持的力量，相信一切皆有可能，内心的信念将会是你坚持的力量源泉，带你看遍人生旅途上没有见过的风景。

努力是一辈子的事情，梦想从来都是靠坚持来实现的。很喜欢一句话："勤学如初起之苗，不见其增，日有所长；辍学如磨刀之石，不见其亏，日有所亏。"懒散和懈怠是生活的毒药，也是失败的人生基因。在人生道路中，我们每个人都应该拥有像水一样的精神，不断地冲破障碍，积累自己，当有一天机会来临的时候，奔腾入海，成就自己的生命。

坚持就是量变到质变的过程，在这个过程中，许多的困难会接踵而至，如果你选择放弃，将永远无法感受到生命的快乐。在人生的旅途中，用自己的心去听去感受，哪怕从坚持做一件小事开始，选择坚守、选择理想、选择倾听内心的呼唤，才能拥有最饱满的人生。

也许不知道前方如何，但庆幸一直在路上

1

春天的时候，走在路上，路旁的植物携着幽香的气息静立在那里。路边的几株桃花仰着头对着天空微笑。

马路旁的清洁工阿姨被太阳晒得有些黝黑，脸上深深的纹路里却没有展现出疲惫。

穿上清爽的休闲装，换上平底鞋，好像每一次呼吸都清新自然。虽然被风吹得没有造型，可是内心却很踏实温暖。

世间熙攘，四季分明，把那些杂乱的思绪投入云端。

有时会因为一个人而爱上一座城，也会因为一座城而爱上此刻的生活。你若保持倾听的姿态，那么，便会感受到那些景物在春风的轻拂下饱含水汽。

"生生不息"是我很喜欢的一个词。

有个姑娘给我留言，她说：

"小宛姐姐，你说人是不是不应该强迫自己做自己不喜欢的事情。很多道理我都懂，大学生活中，有时需要参加一些自己不喜欢的活动，那样自己的综合成绩才会更高一些。我一直在想这是不是因为自己还没进入社会不懂其中利害，或者是自命清高。我也一直很迷惑，自己是因为没有遇见令自己喜欢得发狂的事才安于平静如水的生活的，还是因为自己的心太过淡然，甚至淡然到不像一位学生。我高中班主任就说我的心境太过苍老，像一位隐居者。为什么会这样呢？我从未想通过这个问题。我告诉自己这是因为还没碰上从灵魂深处可以让自己产生共鸣的事物，但是我寻找了那么久，成年之后，还没找到它。我都有些害怕，自己尚未经历什么心就死了。心境究竟是个什么东西，像是一个肉眼看不到却深入骨髓的灵魂栖息地。"

我和她聊了聊我的经历。

2

很小的时候，我其实是个非常容易"怕"的人。

我害怕地震，害怕车祸，害怕考试，害怕坏人，害怕爸爸妈妈变老，害怕死亡……

10岁那年，我的家乡经历了一场地震，现在看来，当时的震级并不是很大，但是那个时候经常伴有余震，我记得那时居住在平房里的人们都在院子里搭了地震棚。晚上睡觉的时候，看着爸爸妈妈都进入了梦乡，而我却整夜担心得睡不着，那个时候对于生死就有一种超出年龄的焦虑。

我害怕一切未曾发生的事情，好像在每做一件事情之前，我都会想一遍最坏的那个结果，我害怕尝试，好像不去尝试，就永远不会有失败。

初中时，我第一次看到了张小娴写的《当时年少春衫薄》，我读了一遍又一遍，觉得当时的自己像极了书里写的那个14岁的她："生活仍是再单纯不过的上学、回家，没有舞会、郊游、男生，别的同学花团锦簇的精彩内容炫人耳目；而我仿佛是修道院中的人。即使如此，生活中时时发生的情况，已令我疲惫不堪。走在学校阴暗潮湿的隧道里，一步又一步，忍不住停下来想，这样充满挫败的日子，究竟要持续多久？"

是啊，那个14岁的我不知道那样的状态还要过多久。

那个时候，每天上学定时的闹钟一响，我的心就会"咚"一下，像是掉入一口漆黑的深井，好像有说不出来的迷茫和恐慌。

我并不是学习很差的小孩，也不是叛逆的小孩，好像总是处在中间最容易被人忽略的位置。我不像学习极好的同学备受老师关注，也不像学习极差的同学备受家长关注，更不像叛逆的孩子能够疯狂地做自己想做的事情。我像是一壶处在保温状态下的开水，没有沸腾和冰点，永远处在一个温度，那个温度让人的内心空洞洞。

我觉得那时的我真的像是一个"装在套子里的人"。

3

但也正是张小娴那篇文章后面的语句激励了我，她说：

只不过是个推门的手势，把心里的门推开，让阳光进来，让朋友进来，也把自己释放。回顾往昔，真的感念这一段不顺利、不光彩的成长，让我懂得被鄙夷的心情，认清每个人都应该被公平地对待。然而，在许多场合里，仍会特别注意到沉默的年轻人。年长的缄默，可能是洞悉世事人情以后的豁达恬淡；年少的缄默，很多时候只是禁锢着挣扎的灵魂，强自抑制。看见那些逃窜或惊惶的眼光，我总想知道，他们会不会像我一样幸运地蜕变？又或者，我能不能帮助他们蜕变？

行至盛夏，花木扶疏，却仍记得当时年少春衫薄的微寒景况。

遇见在风中抖瑟的孩子，为他们添加一件衣衫吧。

所以后来的我慢慢敞开心扉，和朋友们一起努力成长。

虽然那个蜕变的过程很缓慢，但是至少在多年后，我庆幸自己没有长成自己当年讨厌的样子。

现在，当我能够喜欢和接纳真正的自己时，我觉得每一天都充满期待。

去广州出差的时候，回到宾馆，看着窗外的万家灯火、车水马龙，我突然觉得，当你的内心温柔的时候，感受到的一切都是温暖的。

4

后来经过几次畅聊之后，那个之前给我留言的姑娘告诉我：她不再纠结，现在的她很喜欢自己的生活。

早饭、午饭、晚饭安排得妥妥帖帖，吃自己喜欢的、健康的食物……她努力让自己接近理想的生活，她很开心以学习为主食，让阅读成为了每日必不可少的调味料。晚上，在自己的小空间健身。她充分享受作为一名学生在校园的每一天，在没进入社会之前，在大学时代，让每一天独属于自己并且乐享其中。

现在，她努力学会珍惜每一天，在最有限的资源和空间里活出自己，让每一天都成为日后回味的棉花糖，而不是用来忏悔的毒药。她明白了人不能止于脚下，被现在束缚。

她觉得自己进入大学意味着很快就要和学生时代说再见了，回想起来真的有些舍不得。自从对时间有了概念，每一次浪费时间，她自己都会深深地忏悔。

她说："没有繁杂的工作、家庭生活的打扰，享受每一天单身自在的生活，在这期间将自己修炼成自己喜欢的模样，才能有更大的选择余地，才能对得起自己。"

有时候我们所向往的诗和远方，其实就在当下。

只有拾起所有的美好，才能把生活过成诗。

你是这个世界写给我的情书

我想写一封信，写给那个叫我妈妈的小女孩。

我亲爱的小姑娘：

我记得见你第一面的时候，你睁着小小的眼睛，好奇地看着周围的一切，看着这个对你而言既陌生又充满未知的世界。

为了见你，妈妈真的很不容易啊，怀孕的时候经历了最难熬的孕吐。

我记得手机里存着一张照片，一个大橙子上有一个我自己画的笑脸。

那个时候，吐得很厉害，每天都需要躺着，我在心里想到底什么时候才能熬过去。

每一个小时都像是一天那么久，可是，一想到你，我就又充满了期待。

十月怀胎，我终于见到了你。你就是妈妈想象中的样子。

你出生的第一年，也是妈妈最累的一年。

妈妈每天睡眠严重不足，臃肿的身材，像一个笨重的大企鹅。

妈妈心里不是没有煎熬，但是也拥有了更强大的力量。

陪伴一个小生命一起长大，就好像重新去活一次。

星河浩瀚，你是我心底涌起的万千星辰。

人真的很奇怪，现在我跟你提起你一两岁时候的事儿，有时候你都还记得，你竟然都记得。

你记不记得你3岁的时候，总说："妈妈我怕黑，会不会有怪物？"

你记不记得，你第一次去幼儿园，难过地哭了一整天。老师说你不和小朋友说话，吃完饭就默默回到自己的小床上，睡着的时候，手里还紧紧地抱着你的小衣服。

妈妈的手机里现在还存着你第一天上幼儿园红着眼睛吃午餐的照片。

虽然妈妈很心疼，但是妈妈相信你会变得勇敢和坚强。

你记不记得你4岁的某一天我接你放学，你说："妈妈，白云是不是棉花糖做成的，爸爸的胡子是不是从仙人掌上拔下的刺扎到下巴上的？"

我看着你的笑脸，你笑起来像棉花糖一样甜。你让我觉得我看到的世界如此美好。

如今看着5岁的你，妈妈觉得一切都值得。

看着你画的简单的全家福，每天用心写作业，妈妈知道总有一天，你会长大，会离开我们的保护伞。

我想让你明白生命真正的意义，不管经历什么，这都是人生必经的考验和磨炼。

我们这一生，要和很多事情做斗争。

不要因为害怕失败，就避开很多很多的开始。

有一天，你跟我说："妈妈我做了一个梦，我们一起在游乐场，我拉着你的手跑啊跑，跑着跑着我就长大了……"

我想让你记得每个人对你的爱。我在小的时候很喜欢看我妈妈养花，不管搬过几次家，我的妈妈都会很用心地打理家里的那几盆绿色植物。等它们长出好看的叶子和小花时，我能看到妈妈脸上不用言说的喜悦。

妈妈小的时候没有坐过飞机，每次看到天上飞机飞过的远远的痕迹，总会仰着头看老半天，心里想着：好想摸摸天上的白云哦。

我的妈妈带给我很多生活中无法忘记的场景：用清水洗毛巾、炎热的夏天切西瓜、亲手织着毛衣、下雪天站在路灯下等我回家。

再大些，我的妈妈会教我做菜，有时候傍晚我们一起散步。

我想要一直陪着妈妈，把所有时光都定格下来。

如同我想要一直陪着你一样，看着你长大。

妈妈很小的时候看《妈妈再爱我一次》那部电影，会泪流满面。我记得那是在小学四年级，学校组织我们去一个很旧的电影院。当光线暗下来，我在安静的电影院中，看到屏幕上的妈妈抱着她的孩子的时候，我悄悄哭了很久。

生活中那些压力、苦涩、失落、绝望，都在妈妈的安慰中找到出口。

努力读书、善待他人、热爱这个世界、珍惜眼前的一切，这些都是我的妈妈用心教给我的。

而妈妈也想把这些教给你。

你降临时第一声啼哭带来的温暖，妈妈记得。我也会想象多年后你穿着婚纱礼服的那一刻，希望你们彼此在对方眼中可以看到日月星辰……

春花秋月、夏雨冬雪，万物生生不息。

妈妈总是在某个夏日忽然想起自己小时候喜欢喝的汽水和麦乳精，记忆中的果冻凉鞋，仿佛现在还在太阳下闪闪发亮。

小时候的我们总是忍不住想要快快长大。

我们以为长大之后，心中所有的为什么，都会有答案。

人在年少时的快乐真的很简单。

一个喜欢的笔记本，一张好听的CD，一次满意的考试成绩，父母不经意间的表扬……

可是当长大直面这个世界时，我们有时却不敢再想年少时喜欢的人；不敢再听当年那些让人热泪盈眶的歌；不敢再去回想自己年少时许下的承诺。

我们害怕回应从前的自己。

你是不是也在心里盼望着快快长大？

"小鲨鱼再也不会长大了"。这是我在豆瓣上看到的一句话。一个女孩有一天去海洋馆，看到大小不同的鲨鱼被分在了三个规格的鱼缸里，就问管理员，是不是小鲨鱼长大了就会去大一点的鱼缸。管理员说："不是的，小鲨鱼再也不会长大了。"她突然间明白，原来环境是会限制生长的。人也一样，不去更宽广的环境里的话，就再也不会继续成长了。

所以，妈妈想让你努力学习去见识更广阔的世界。

我们的人生不是一道简单的判断题或是简单的选择题，它是由无数道难题组成的，需要用我们的智慧去判断和解决。

当你长大，你要学会接纳自己，这样星光和月色才容易照进来。躲起来的星星都在努力发光，你也要努力啊。

虽然生活平淡，但是妈妈在爱你的时时刻刻都想你明白：我们都值得被看见。

妈妈想告诉你，每个生命都是独一无二的，不需要与他人作无谓的比较，珍惜自己所拥有的一切，这才是生活最好的样子。

好好珍惜上天给自己的恩典，你会发现你所拥有的快乐要比痛苦多出许多。虽然痛苦的那一部分，并不可爱，但是它也是你生命的一部分，接受它且善待它，你的人生会快乐豁达许多。

无论如何请记得，妈妈爱你，永远。

爱你的妈妈

2019 年 7 月 22 日

萨那才恩和她的小木马

1

那个夏天，风很轻。

外面下着很大的雨，萨那才恩坐在车里，外面什么也看不清。很多地段，车子开过去时两边溅起一股股水花，有劈波斩浪的兴奋与不安。

有的路段拥堵不堪，交警在大雨滂沱中打着手势指挥着车辆，前方是急雨形成的汪洋。

"最近下雨天越来越多了，没有必要的话尽量减少出行。"把控着方向盘努力辨别路况的司机先生说。

即便如此，萨那才恩依然决定，无论如何，都要去看那一场有蒙古族元素的画展。哪怕看画展的路，被突如其来的暴雨阻挡，可她还是坚持要去："那边不是可以走吗？""从前面能绕过去吧？"

在罕见的大暴雨中，她像是着了什么魔，一定要去看那场画展。

司机先生停在红灯前低头看手机地图，"这些路段都标红了，我就怕，你到了那个目的地下不去，一开车门，地下的积水深到小腿肚。"

"那我也要去。"

终于到了目的地，哪怕脚面真的都被雨水盖过，鞋子泡在水里，她还是幸福不已。

看画展的过程中，她最喜欢的是那一幅画：骑在马背上的蒙古族母亲，她慈祥地望向前方，如背后的夕阳般温暖。

画展的主题里有老者到孩童，祭祀伊和乌拉圣山的巴尔虎少女，牵着一只羊羔在城镇街头散步的老人，健硕的草原博克手，应邀诵经祈福的喇嘛，参加婚礼的布里亚特蒙古人，年过七旬的马鞍手艺人……

草原的人文与生态是那场画展记录的对象。

萨那才恩关于故乡的记忆也逐渐清晰起来，眼前的画面让故乡从熟悉变陌生的过程可以慢一些，再慢一些……

那些画面重新唤起了她内心深处的记忆。

2

在萨那才恩的关于故乡的记忆中，印象最深的大概就是她的小木马了。蒙古包里有一个木箱，宽厚粗重如叹息般的怀旧气味，恰好衬着小木马的精致，它似从木箱上升，绚烂地收拢着温和广阔的尾音。红色的纹路，在木箱上前后摇摆，好像永远向前奔跑。

小木马是母亲在她六岁时送给她的生日礼物。

年少的她在每个清晨和傍晚都会观察它，它不会说话，不会犯困，萨那才恩把它想象成在窗前独自坐着的喜欢大桶大桶喝着牛奶的小朋友。

母亲常常把装了半罐奶糖的小罐子放在角落里的一个低柜子上。而她总是等母亲出去后，踩着小木凳，打开罐子，悄悄地去拿两块奶糖。

小罐子因为挪动了地方被母亲发现了，母亲警告她说，如果再偷偷吃糖，牙齿会长虫子的。很听话的她自然不会当面反驳母亲，但每每听到母亲的脚步声渐远直到听不见时，她就会又踩上木凳，悄悄地拿一块糖，再把一块提前准备好的小石头包到糖纸里，放进小罐子。

母亲有时候回来，会打开罐子看一下，她的心便高悬着，暗暗盼着母亲没有发现。

母亲好像真的没有发现，看完后只是默默地把罐子的盖子盖好。而她又带着侥幸地心理偷偷地拿糖吃，周而复始的，像一场绝不妥协的战斗似的。

地上的一个木箱上面摆着一个小相框，那是母亲年轻时的一张照片。二十五岁的妈妈极美，丰腴的蛋形脸，亮闪闪的眼睛，亮直的黑发，微微侧身坦率明亮地对着镜头笑着。

然而六七岁的她，只是急不可待地想要长大。

真正让她感到母亲流光溢彩的，是母亲穿上那身蒙古族服饰的时候。

虽然母亲那个时候经常在牧区劳作，衣着很朴素，但对幼小的她，记忆的美是与价格无关的。

蒙古族服饰的每一个细节和工艺之背后，都有它文化的内涵与诠释。千百年来，人们用服饰，把祖先留给人们的民族文化一代一代地传承发展至今。

也正是这种力量，使她爱上了民族服饰，要她去发掘并重现它的光彩。

如同母亲缓缓失却的青春在她身体里的重现。

3

萨那才恩九岁的时候，弄丢了她心爱的小木马，她本来是带着小木马和母亲在草地里和小马驹一起玩。

天色忽然暗沉下来，她喜欢那种阴云的天。太阳无从栖身，整个草原陷在暗密的云气里。有风从远处一路飞卷而来，植物翻卷出大地的气息。

多云的天，太阳半栖在乌云后，草地里一半灰暗一半明光。

仰头迎着吹来的风，会感到无尽的清凉。

当大雨来的迅疾的时候，撤去太阳的追光，浅草绿直接被墨绿覆盖，巨大的晦暗在草地里化开，如点墨入水。抬眼见乌青的浓积云已经从周天滚滚而来，风掠过眼帘，远处明晃晃的雨清晰可辨，一丝一丝坠落如线。

雨珠在草尖上滚落，一粒一粒坠下如同珍珠。

母亲赶忙招呼她回家，路上已经有人从更远的地方往回跑了。边跑边喊："雨太大了，赶快回家！"轰隆隆的雷声由远及近，空气中湿漉漉的气息扑面而来。雨脚重重打在脸上，雨珠汇作细流簌簌地从植物叶面落下。

奔跑的萨那才恩脊背已经全湿了，她被湿透的衣衫紧裹着，跑起来有一种束手束脚的压迫感。

到了家，萨那才恩才发现在奔跑的过程中，小木马不见了。

她慌忙向外望去，远处只剩草地在雨幕中起伏，如水彩画远处的背景色，遥遥生出隔世之感。

过了许久，轰鸣的雷声远了，乌青的云层变薄了，天空开始发白发亮。乌云好像浸满水的巨大海绵，水落完了，云彩又轻又薄，明晃晃透亮了。

雨彻底停了，天空亮了起来，草地上有柔柔的绿烟氤氲。

草尖有雨珠零星落着，闪闪发亮。云被风吹散，远远在天空又细又薄。

出门寻找了一圈小木马的萨那才恩，眼角也多了晶莹的泪珠。

那场大雨过后，她再也没有找到她的小木马。

4

小学时有自然课，但萨那才恩却只记得怎么种大蒜，那时候她和母亲住在蒙古包里，她记得母亲炒菜时锅铲唰唰的响声，还有煮奶茶的香味……

她总想把那样的生活一直过到老，过到老得走也走不动；想再和母亲一起在草地上追着小马驹玩；想听到母亲给她吃手扒肉的时候说的那句："吃这个，吃这个，这个肉多"；想一直抱着小木马，和母亲在夏天的草原上看星空，哪怕右手挠着被咬的满是大包的腿，边哼哼唧唧地对母亲说："受不了啦，蚊子好多。"一边听母亲说："回去我给你挠一挠就好了。"

立秋之后，天空偶尔有细细的流云飘过。

秋风凉了，云层薄了，阳光的触角也柔和了。伴着秋虫细碎的鸣声起起落落，种子们在各自的角落里安然睡着，植物和人一样，期待着好天气，日复一日。

北方的土地上会有落叶卷起，风中的植物会依次结起种子，周围的一切都孕育着成熟的气息。

土豆绽出紫皮，母亲的手扭住秧子往上一提，滚圆的小土豆纷纷滚进筐里。

傍晚，蒙古包里有母亲做的小葱拌豆腐，白瓷盘染上了绿色。豆腐软软糯糯。小土豆沾满草木灰从锅底滚出来，裂开皮露出沙沙的果肉，再配上好吃的牛肉干，在味觉的感受中，绵长岁月穿肠而过。

白花花的牛奶，在水汽沸腾的铁锅里，顺着升腾的雾气打滚儿，零零碎碎像天边纤细的云。母亲用勺子轻轻拂过，细云聚拢成白色的云海。白云放牧在瓦蓝的屋顶，牛奶好像在云海里起起落落，阳光的味道被白云收存。

十岁之后，萨那才恩和母亲一起搬到青城。

那年生日，妈妈送给她一个小马储蓄罐。那是一个淳朴而精致的储蓄罐，罐面是棕红色的，底色上装饰着彩色弯弯的线条。圆滚滚的马肚子造型，特别可爱。马鬃是金黄色的，马鞍的位置就是储蓄口。萨那才恩喜欢把硬币放到里面，每年生日许愿的小纸条也会放在里面。

那时萨那才恩常常拿着细布子，小小的手指从储蓄罐的小口里探进去，擦拭落进的灰尘。有时候在光的映照下，那匹储蓄小马呈现彩色的光。在萨那才恩的小书桌上，装着年少的她对绚丽色彩的全部向往。

他们住的那栋楼的对面窗户里永远都暗沉沉的，她想象不出有谁会住在里面。夜晚的时候，她经常会看着对面那栋楼的五楼有一家窗台上摆着落灰的瓷花瓶里插着几朵假花。

对面开灯的时候，那微微的灯光，让假花瞬间充满了生机。

那个时候，萨那才恩喜欢和母亲在夜市上吃炒冰，回到家坐在床板子上看方盒子一样的彩电。

时间就那样悄无声息地流逝。

有时候她会觉得每个人都像是一棵会离开森林的树。

5

二十三岁的时候，在外地上大学的萨那才恩听到母亲生病的消息。

五十岁的母亲脊椎一侧那颗四五厘米的肿瘤压迫着神经，整日吃不好睡不着，瘦到脱型，只能佝偻着左侧身子，手上下摩挲着。医生说是以前的癌细胞转移，位置特殊，无法做手术，只能挂水吃止痛药，煎熬着。

原来母亲一直瞒着她，怕她担心，所以母亲一直没有告诉她自己得了癌症。

病情加重后，母亲好像感知到什么，把她和父亲叫到病床前，紧紧握着她的手，嘱咐他们要相亲相爱。

萨那才恩的父亲眼泪没刹住，她第一次看到父亲头上的白发清晰了好多，她不知道母亲还说了什么，但是感觉就像在交待后事。

没多久，母亲去世了。

收拾那些旧物的时候，母亲木质的梳妆盒里还齐整地摆着碎布、几根萨那才恩小时候用过的头绳、用了一半的滑粉笔、她外婆年轻时的一张黑白小照片……还有一张萨巴才恩新寄回来的照片——翻着翻着，萨那才恩像是从这些平常物件中触到了母亲的生活和从母亲身上流逝的时间——一切变化了和未变化的，而在这熟悉的气味里，她才真正体会到成长的力量。像是这些童年就熟稔的、带着亲人气息的东西把她一点一点认领出来，无声无息地一路把她带回到了童年，使她心里充满对过去时间的忧伤和一种回归——这种爱没有丝毫的欺骗性，它浓烈得无处不在。

她看着母亲首饰盒里的那些配饰，母亲之前用过的东西、小时候的糖罐、叠得整整齐齐的萨那才恩小时候的衣物……

萨那才恩一一看过之后，与它们告别。多年前的她，也是以童年中小木马的心境与它们相遇的，尽管在此之前她早就见过它们，但其中的意蕴是不同的，这些与母亲生命相关的东西使她有一种亲密的感动。

　　母亲离开后，感觉眼泪都流到了无尽头的河流里。

　　她知道，亲爱的母亲离开了她，在她忙着长大的这些年里，母亲等她的日子太长了。

　　时间带走了一条归去的路，这条路再也不会出现在她面前。

　　"春来春去春复春，寒暑来频。月生月尽月还新，又被老催人。只见庭前千岁月，长在长存。不见堂上百年人，尽总化微尘。"

　　这是她喜欢的一首敦煌歌辞，只头一句，便道出流年暗换，岁月催人老。

6

　　母亲离开后，萨那才恩恍惚地度过了那个冬天和春天。

　　感觉很久都没有开心过。

　　直到有一天她在商场拿着购物篮，在那几排货架间寻寻觅觅。结账时，她忽然低头看到冰柜里不常见到的小木马形状的雪糕，便买了一支，拎着购物袋边走边吃，之后把雪糕的包装纸和木棍扔进垃圾桶，走出商场，七月的热风轰隆隆迎上来。

心情在瞬间变得好了些。

哪怕只是遇到一支形状像小木马的雪糕，就已让她百分百的心满意足，觉得一成不变的生活也有意外的小喜悦。

在商场门口，萨那才恩看到一个小女孩拿着几只气球，一蹦一跳地向前走。她的妈妈背着小水壶走在前面，小女孩慌忙追上去。正要伸手拉着妈妈的手，结果，气球飞走了。

小女孩哭了起来，抬头看着天空。萨那才恩看着小女孩，忽然发现：这就是我们的人生啊，有些失去就在一瞬间。

如同萨那才恩很喜欢的电影里的一个故事：一个小女孩住在岛上，不想长大，享受和鸬鹚、海鸥和野兔待在一起的生活。女孩找到一个与世隔绝的海滩，海水透明，沙子粉红色。但某天，一艘船出现了，神秘而庞大。她朝它游去，却发现船上无人。之后，船调转方向离开。回岸后，她听到歌声，四处寻找，却无歌者。

总是怀旧的人，没什么大出息吧——她这样想。但也没什么不好的。自从母亲离开后，她喜欢沉浸在小时候特有的回忆和气味当中，常有一种"就算人生有再多的不顺利，也好像有一种大大的力量"的那种踏实。她知道，母亲希望看到的，就是她可以快乐起来，她知道是母亲保佑着她，让她拥有这种接收快乐的能力。

二十五岁的时候，萨那才恩开始旅行，她喜欢在旅行的过程中写一些诗歌，那些诗歌被她刻写在荒野海边一栋孤独的废弃房子的一面墙上，她用粉笔、石块、碎瓷片或者其他什么尖锐物刻写下渴望、孤独、等待、收获以及当下的所有感受。

她走过的那些地方，还有她记录在那些残败斑驳墙面上的诗歌，仿佛一幅地图，带她看到无尽的辽阔。

她心里的草原，时时刻刻都有母亲温暖的气息。

哪怕冷风刮起一层雪粒子，也会让人感受到大地覆盖的温柔。

草原就是天然的色彩，在雨水和阳光的作用下，会呈现出让人无法拒绝的美。

亲人离开之后，我们就变成了在大地上和风雪中独自跋涉的人。

千百年前，草原曾是物竞天择、适者生存的战场，直到后来人类加入了这场游戏。牛羊几乎肩负着牧民的一切饮食来源和经济来源，在其他人眼里，成群的牛羊都长得差不多，牧民却分辨得清每一只的模样，那些牲畜也是他们的朋友。

曾几何时，牧民逐水草而居，哪里好养牲畜，哪里就是他们心中最好的家园。

在日月轮转、四季更迭间，靠天吃饭的牧民感恩自然给予他们的一切，即便有风雪霜灾的无情，他们也会去顺从和保护大自然。与大自然的长期对话中，他们练就出淡泊质朴的性格，包容，隐忍，绝不会去刻意改变自然。

哪怕冬天吹的冷风可以把所有人都冻住，把人们喜欢的，珍惜的每一刻都冻住，把你的心藏到晶莹剔透的冰壳子里，但是草原上人们的热情，也会把你的冰冷捂化了，让你的脸露出发自内心的笑容。

8

几年前萨那才恩去北京听一个乐团的现场音乐会。

马头琴演奏者在台上说："迁徙就是草原上的游牧名族千百年来在草原生存的一个自然法则，它是一个智慧，今天让我想起了几年前，我们那年去了内蒙古的锡林郭勒草原，我们住进了一个蒙古包，蒙古包里的主人是一对年长的阿爸和阿妈，他们准备了丰盛的饭菜，我们静静地在那里吃饭喝酒，谁也没有说话。这时候，有人提议说，要不阿爸给唱一首歌吧。阿爸摸摸胡子说："我已经老了，你阿妈年轻的时候是一个好歌手"。这时候我们看到，阿妈就蹲在蒙古包的炉子边上，一边给我们熬奶茶一边唱起来……就在那一刻，我们端起了酒一饮而尽，这时我看到我们的吉他手和贝斯手落泪了……"

说完，他用马头琴静静地演奏了一段蒙古族最古老的唱调：

那一根无价的琴弦

笔直地穿过草原

谱写音符的羊群

北归的鸿雁和阿妈的呼唤

让她怀里的风和记忆里的小木马

想要和草原一起歌唱

那个时候，落泪的还有在台下的萨那才恩。

她的小木马原来一直没有丢失，小木马一直在她的心里。

如同母亲从未离开。

后　记

1

我不是一个很会说话的人，上学的时候，不是声音太小，就是语速太快。

我记得初中的时候，在快要分班的时候我唱了两首歌。也许因为分班心中有太多不舍，导致唱歌跑调，但是我还是自我感觉良好的唱完了全部。同学们并没有笑场，只是有人在私底下说："她唱得真难听。"

后来我就再也没有唱过歌。

我知道，学生时代的我是退缩的、逃避的、懦弱的，数学试卷上的试题永远都答不对，说话的时候总是低着头、不敢直视别人的眼睛，钢笔丢了也不敢告诉家长，替别人削铅笔削坏了一根就把新买的几支铅笔都赔给了别人，也会在上学的路上不小心丢了书包，会无意间把校服裤子穿反了却硬着头皮在教室坐一上午而不好意思站起来。

那时候的我上课不敢举手，和别人说话的时候总是自带尴尬，在角落里一个人天马行空地想很多事情，情绪在开心和不开心之间切换。

我就是那个躲在角落里没有存在感的小孩，盼望着长大，却在长大之后怅然若失。

有时候也会心生疲惫，也会心生动摇，起初那些绽放在心里的花朵真的又凋落了一些。

有个姑娘说她最喜欢的一句话是："半生做烂泥，连哭都是失礼。"

不知怎么，听到这句话的时候，我突然很心酸，就连小孩子的绘本上都写着："每个人都是最珍贵的个体，一定要好好爱自己。"

可是我们真的好好爱自己了吗？

2

几年前，我和朋友雪在草原上看日出。凌晨四点半，我们在特别冷的蒙古包里醒来，每个人身上披着一条小毯子，夏天草原的早晨，还是特别冷，远远地望到有一丝隐隐的光。

雪站在我旁边，那个时候我们还是两个扎着马尾的22岁姑娘，对未来有无限的憧憬。

她说："回去之后，要写些文字记录一下我们的22岁，记录下我们此刻的心情。"

我笑着说："好啊好啊。"

我们一起傻笑，从未想过多年后岁月会变成什么样子。

我们在那个清晨拍了很多照片，想要留住那个时刻。我们一起笑着、跳着，一起哼着歌……

想起年少时很喜欢的那首诗：

赏花归去马如飞，

去马如飞酒力微。

酒力微醒时已暮，

醒时已暮赏花归。

时间的残忍和美好之处都在于人会成长。成长的过程中，我们会有很多的沮丧、难过，但也有进步与丰富。改变从来不是一朝一夕的事，面对内心的脆弱，我们在难过的时候很难找到出口。

可是这些年过去，我发现，无论过多久，我都记得草原上的那一场日出。

虽然等待日出的时候很冷很累，但是当看到太阳从地平线上慢慢升起的时候，我们感觉没有任何风景比那个瞬间更美。

这些年，我用文字去记录那些瞬间、那些片段，也因为文字认识了很多美好善良的人。

可能对有些人来说，这些文字并不是最好的，但是于我，已经是我人生中最值得纪念的时光。

尽管有时候我自己也没那么勇敢，害怕变故、害怕分离、害怕死亡。但是我想，如果我可以用文字记录得多一些，是不是时间就会走得慢一点，我们对这个世界的善意就会多增加一分。

这一切都源于，我们身边有那么多值得我们变得更好的力量，还有我们对这个世界一切美好事物的幻想。

我们无法不带伤痕走在这个世上，有些事情始终需要我们独自去面对。

3

多年后，我又回到了家乡。

归梦不知山水长，独饮一壶山水间。

我在父亲的草原母亲的河里领略那里山水的大气与温情。

那些风景，是一曲牧马人哼出的长调，在悠扬的马头琴声里慢慢展开，捧一把黄河水，一轮明月悄然于掌心。

有时候找喜欢收藏明信片和各式笔记本，在时光里不想说再见。

生命中那些遥远而脆弱的时光，相逢又离别的人，走过的回不去的路途，哼唱过的喜欢的歌谣，有些人和事一直在我的记忆里闪闪发亮，融入血液供我成长，成为我身体的一部分。

当年那个特别内向的小孩已经长大，明白在生命的每一个阶段，要认真经历属于那个阶段的过程，不去伤害他人，也学会好好爱自己。

如果是自己喜欢的事情，就要全力以赴，不管结果好坏，都不留遗憾。

努力去完成下一阶段的课题。

有一句话说：我曾看到一个时间旅人，从身上拍落两场大雪，由心里携出一篮火焰，独自穿过整个冬天。

这些年，文字记录下的那些画面和心情，我对自己说，这是属于时光的印记，哪怕于我，这其实是一场与过去的自己告别之旅。

我记得那年大学毕业，我坐火车穿过悠长的隧道，未来一切都是未知，但是我看见车窗里倒映出的自己模糊的影子，还是用力地微笑了一下，很认真地去想象了一下未来的样子。

4

成长的意义在哪里？

世界的真相有时总是露骨而伤人的。随着年龄的增长，你会越来越清晰地明白一些道理，人生如何成长，需要我们自己体会。

我们每个人都在努力探索自己的内心世界，每个人也都有一个清醒期，去反思、去感受，哪怕与孤独为伴，然后会越来越清醒地认识自己，认识生活，而不是去无限索取或者无限付出。

爱，痛苦，快乐，只是我们生命中不同维度的体验。

接下来的日子，让我们一起努力吧。

在这浩瀚星河中，我们依然是最真实的存在。

一生还长，吹过晚风迎接崭新的自己，就这样向前走吧。

我们所经历的，即是所得。

谢谢这世间，所有不动声色的善良；谢谢你们，看到这里。

愿你们对每一个明天都充满期待。

《喜剧之王》里，尹天仇跟柳飘飘坐在海边，望着前面黑漆漆一片的大海。

柳："喂，前面漆黑一片，什么都看不到。"

尹："也不是，天亮后便会很美的。"